湖北省学术著作出版专项资金资助项目

数字制造科学与技术前沿研究丛书

钢铁生产混合流程智能调度及其知识网系统

蒋国璋　李公法　著

武汉理工大学出版社

·武汉·

内 容 提 要

钢铁行业面临产能过剩、不合理库存增加、效率低下的问题。当前的生产调度研究的主要任务是减缓不合理库存的增加，提高运行效率，提高产品质量，改善产能结构。本书建立了可根据实际生产调度问题，采用面向对象的建模方法自动生成求解模型的钢铁生产流程调度系统模型库；应用基于启发式规则的遗传算法、粒子群遗传混合算法、聚类单亲遗传算法；最后构建了一种基于 B/S 模式的钢铁生产流程知识网系统的框架结构，并建立了原型系统。

本书对调度模型、调度算法的研究和提高钢铁生产调度水平以及钢铁生产调度知识化、智能化具有一定的理论和应用价值。

本书可供冶金人员、生产调度管理人员、科研人员以及大专院校的师生参考。

图书在版编目(CIP)数据

钢铁生产混合流程智能调度及其知识网系统/蒋国璋，李公法著. —武汉：武汉理工大学出版社，2018.1

（数字制造科学与技术前沿研究丛书）

ISBN 978 - 7 - 5629 - 5536 - 8

Ⅰ.①钢… Ⅱ.①蒋… ②李… Ⅲ.①钢铁冶金-数学模型（系统工程） Ⅳ.①TF4

中国版本图书馆 CIP 数据核字(2017)第 328931 号

项目负责人:田 高 王兆国		**责任编辑:**陈 平	
责任校对:夏冬琴		**封面设计:**兴和设计	

出版发行:武汉理工大学出版社(武汉市洪山区珞狮路 122 号 邮编:430070)

　　　　　　http://www.wutp.com.cn

经 销 者:各地新华书店

印 刷 者:武汉中远印务有限公司

开　　本:787mm×1092mm 1/16

印　　张:10

字　　数:196 千字

版　　次:2018 年 1 月第 1 版

印　　次:2018 年 1 月第 1 次印刷

印　　数:1—1500 册

定　　价:59.00 元

凡购本书，如有缺页、倒页、脱页等印装质量问题，请向出版社发行部调换。

本社购书热线电话:027-87515778 87515848 87785758 87165708(传真)

·版权所有,盗版必究·

数字制造科学与技术前沿研究丛书
编审委员会

顾　　　问：闻邦椿　徐滨士　熊有伦　赵淳生

　　　　　　高金吉　郭东明　雷源忠

主 任 委 员：周祖德　丁　汉

副主任委员：黎　明　严新平　孔祥东　陈　新

　　　　　　王国彪　董仕节

执行副主任委员：田　高

委　　　员（按姓氏笔画排列）：

David He	Y. Norman Zhou	丁华锋	马　辉	王德石
毛宽民	冯　定	华　林	关治洪	刘　泉
刘　强	李仁发	李学军	肖汉斌	陈德军
张　霖	范大鹏	胡业发	郝建平	陶　飞
郭顺生	蒋国璋	韩清凯	谭跃刚	蔡敢为

秘　　　书：王汉熙

总责任编辑：王兆国

总　　序

　　当前,中国制造 2025 和德国工业 4.0 以信息技术与制造技术深度融合为核心,以数字化、网络化、智能化为主线,将互联网＋与先进制造业结合,兴起了全球新一轮的数字化制造的浪潮。发达国家(特别是美、德、英、日等制造技术领先的国家)面对近年来制造业竞争力的下降,大力倡导"再工业化、再制造化"的战略,明确提出智能机器人、人工智能、3D 打印、数字孪生是实现数字化制造的关键技术,并希望通过这几大数字化制造技术的突破,打造数字化设计与制造的高地,巩固和提升制造业的主导权。近年来,随着我国制造业信息化的推广和深入,数字车间、数字企业和数字化服务等数字技术已成为企业技术进步的重要标志,同时也是提高企业核心竞争力的重要手段。由此可见,在知识经济时代的今天,随着第三次工业革命的深入开展,数字化制造作为新的制造技术和制造模式,同时作为第三次工业革命的一个重要标志性内容,已成为推动 21 世纪制造业向前发展的强大动力,数字化制造的相关技术已逐步融入制造产品的全生命周期,成为制造业产品全生命周期中不可缺少的驱动因素。

　　数字制造科学与技术是以数字制造系统的基本理论和关键技术为主要研究内容,以信息科学和系统工程科学的方法论为主要研究方法,以制造系统的优化运行为主要研究目标的一门科学。它是一门新兴的交叉学科,是在数字科学与技术、网络信息技术及其他(如自动化技术、新材料科学、管理科学和系统科学等)跟制造科学与技术不断融合、发展和广泛交叉应用的基础上诞生的,也是制造企业、制造系统和制造过程不断实现数字化的必然结果。其研究内容涉及产品需求、产品设计与仿真、产品生产过程优化、产品生产装备的运行控制、产品质量管理、产品销售与维护、产品全生命周期的信息化与服务化等各个环节的数字化分析、设计与规划、运行与管理,以及产品全生命周期所依托的运行环境数字化实现。数字化制造的研究已经从一种技术性研究演变成为包含基础理论和系统技术的系统科学研究。

　　作为一门新兴学科,其科学问题与关键技术包括:制造产品的数字化描述与创新设计,加工对象的物体形位空间和旋量空间的数字表示,几何计算和几何推理、加工过程多物理场的交互作用规律及其数字表示,几何约束、物理约束和产品性能约束的相容性及混合约束问题求解,制造系统中的模糊信息、不确定信息、不完整信息以及经验与技能的形式化和数字化表示,异构制造环境下的信息融合、信息集成和信息共享,制造装备与过程的数字化智能控制、制造能力与制造全生命周期的服务优化等。本系列丛书试图从数字制造的基本理论和关键技术、数字制造计算几何学、数字制造信息学、数字制造机械动力学、数字制造可靠性基础、数字制造智能控制理论、数字制造误差理论与数据处理、数字制造资源智能管控等多个视角构成数字制造科学的完整学科体系。在此基础上,根据数字化制造技术的特点,从不同的角度介绍数字化制造的广泛应用和学术成果,包括产品数字化协同设计、机械系统数字化建模与分析、机械装置数字监测与诊断、动力学建模与应用、基于数字样机的维修技术与方法、磁悬浮转子机电耦合动力学、汽车信息物理融合系统、动力学与振动的数值模拟、压电换能器设计原理、复杂多环耦合机构构型综合及应用、大数据时代的产品智能配置理论与方法等。

　　围绕上述内容,以丁汉院士为代表的一批制造领域的教授、专家为此系列丛书的初步形成提供了宝贵的经验和知识,付出了辛勤的劳动,在此谨表示最衷心的感谢!对于该丛书,经与闻邦椿、徐滨士、熊有伦、赵淳生、高金吉、郭东明和雷源忠等制造领域资深专家及编委会成员讨论,拟将其分为基础篇、技术篇和应用篇三个部分。上述专家和编委会成员对该系列丛书提出了许多宝贵意见,在此一并表示由衷的感谢!

　　数字制造科学与技术是一个内涵十分丰富、内容非常广泛的领域,而且还在不断地深化和发展之中,因此本丛书对数字制造科学的阐述只是一个初步的探索。可以预见,随着数字制造理论和方法的不断充实和发展,尤其是随着数字制造科学与技术在制造企业的广泛推广和应用,本系列丛书的内容将会得到不断的充实和完善。

《数字制造科学与技术前沿研究丛书》编审委员会

前　言

在国家制定了国民经济体系供给侧结构性改革目标的背景下,如何解决钢铁行业产能过剩、生产工序"不同步"和生产工艺流程之间的不平衡等问题是钢铁行业关注的核心问题。本书通过建立钢铁一体化生产计划与调度知识网系统,提高钢铁生产效率、降低生产成本、优化生产流程、缩短产品生产周期、提高产品质量、增强市场竞争力。

炼钢-连铸-连轧一体化生产管理是目前钢铁行业研究的热点问题。本书是作者十余年来在对钢铁生产工艺流程、钢铁调度问题建模、钢铁智能调度算法、钢铁生产调度知识表示及联系进行研究的基础上,总结提炼而成的。

钢铁生产调度具有多目标、复杂约束和不确定性等特点,为 NP-hard 问题。面向钢铁生产流程的智能调度知识网系统研究中,钢铁生产调度问题智能化建模与优化求解算法一直是钢铁行业极具挑战的研究课题,也是科学管理与优化理论研究领域极具挑战的科学问题。

智能化建模是钢铁生产调度研究的关键性问题之一,本书建立了模型字典,采用面向对象模型表示方法,提出基于 UML 技术的钢铁生产调度模型库系统建模分析,建立了模型库系统的静态结构模型和动态交互模型,指出了模型智能生成技术,解决钢铁生产调度智能化建模的需要。

调度算法是解决钢铁调度问题的关键,如何快速、准确地求解钢铁生产计划与调度问题,是研究钢铁生产调度问题的重点。本书通过对钢铁生产调度的智能算法的研究,总结了适合钢铁一体化生产的调度算法,并对基于规则的遗传算法、粒子群算法、聚类单亲遗传算法进行了研究,同时与传统算法进行了对比。通过智能调度算法的研究,解决了钢铁智能调度问题。

调度系统是一个复杂多变的离散系统。本书把钢铁生产流程知识、生产与计划调度信息作为载体,将其按照一定的规则相互关联,构成反映钢铁生产与调度知识的网络结构,提出了面向钢铁生产流程的智能调度知识网系统。钢铁生产流程知识网系统作为 ERP/MES/PCS 之间的信息交互与数据传递纽带,其最大特点是解决了生产工序间的"不同步"问题。通过每个工序间的节点,辅助决策,编制生产计划,并联系 PCS 控制,实现钢铁生产流程一体化管理。

本书专门介绍钢铁生产调度知识网一体化管理与智能调度优化算法研究。参加本书著述和撰写工作的有蒋国璋、李公法教授,书中还吸取了课题组其他同志研究工作中所取得的一些成果,他们是何恩元、雷崇武、周梦杰、刘清雄、徐露露、李婷婷、杜鹃、李晓勇、吴秉泽等,武汉科技大学机械自动化学院工业工程系及有关兄弟单位都给予了支持和帮助。

应特别指出,本书是课题组正在执行的国家自然科学基金项目"钢铁生产混合流程智能调度及其知识网系统的研究"(项目编号:71271160)的部分成果。

由于水平有限,书中难免有不足之处,恳请读者批评指正。

作　者
2017 年 1 月

目　　录

① 绪　论

1.1　数字化钢铁生产的工艺流程

1.1.1　钢铁生产的基本工艺流程

钢铁工业是我国国民经济的支柱产业。目前,钢铁企业面临产能过剩、资源可持续发展受限、环保要求日益严格等瓶颈问题,必须进行企业转型升级、改善钢材产品结构和提高生产效率;与此同时,企业生产过程中又常常面临许多亟待解决的矛盾,如生产工序的"不同步"衔接和生产工艺流程之间的不平衡等关键问题,必须通过有序合理的生产计划与调度,统筹优化整个生产过程,从整体上实现对钢铁生产工艺流程的管理与控制。

2000年以来国内钢铁企业不断进行钢铁生产流程与工艺结构的优化,建立起现代化的钢铁生产工艺流程[1],如图1-1所示。钢铁生产的基本工艺流程主要有炼铁工艺流程[2]、炼钢-连铸工艺流程和轧制工艺流程[3]。

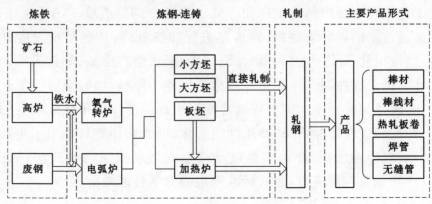

图 1-1　钢铁生产工艺流程图

（1）炼铁工艺流程

炼铁工艺流程处于先行环节,它为炼钢厂提供原料——铁水。炼铁生产的主体为高炉,高炉生产时,铁矿石、燃料(焦煤)、溶剂(石灰石等)作为主要原料,是主要调度和控制对象。高炉的冶炼过程实际上是把块矿和烧结矿里的铁在高炉里进行还原的过程,可以概括为:在尽量低能量消耗的条件下,通过受控炉料及煤气流的逆向运动,高效率地完成还原、造渣、传热及渣铁反应等过程,得到化学成分与温度较为理想的液态金属产品。高炉炉料经各种化学还原反应生产出铁水,然后通过鱼雷罐送入炼钢工序,作为炼钢原料入氧气转炉冶炼成钢。炉渣经水冲渣排入渣池,通过渣水分离,炉渣排走,水循环利用。

(2)炼钢-连铸工艺流程

炼钢-连铸工艺流程所用设备包含若干转炉、精炼设备、连铸设备等。炼钢时根据相应冶炼钢种的成分、质量需求,运用氧化原理在冶炼的原料熔化过程中加入一定量的钛合金,以控制铁水中碳、磷、硫、锰以及其他一些元素的含量,使之在规定的范围之内,同时满足规定的出钢温度。炼钢中的转炉、电炉工艺流程如图1-2所示。炼钢工序就是铁水通过氧化反应脱碳、升温、合金化的过程,其主要任务是脱碳、脱氧、升温、去除气体和非金属夹杂物、合金化;连铸工序就是使钢水变成钢坯的过程,即转炉中达到要求的钢水经由连铸机加工,并按相应的参数(如宽度、长度、厚度、重量和钢材等级)进行浇铸生产,形成具有一定规格的板坯成型制品。

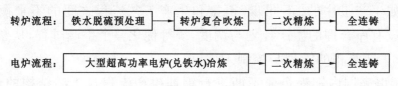

图1-2　转炉、电炉工艺流程图

(3)轧制工艺流程

轧制工艺流程主要由热轧工序和冷轧工序两个部分组成。热轧工序以炼钢-连铸工序运送过来的板坯为原料,对板坯进行加热处理,达到预设温度并在高压水除磷后,经过粗轧-精轧-层流冷却-卷取过程,形成生产成品,等待入库。整个轧制过程由计算机全程控制。冷轧工序以热轧钢卷为原料,经酸洗去除氧化皮后进行冷连轧,其成品为轧硬卷。由于连续冷变形引起的冷作硬化使轧硬卷的强度和硬度上升、韧性和塑性指标下降、冲压性能恶化,因此轧硬卷只能用于生产简单变形的零件。一般冷连轧板、卷均应经过连续退火处理或送入罩式炉进行退火处理,消除冷作硬化及轧制应力,达到标准规定的力学性能指标。

1.1.2　数字化钢铁生产工艺流程

数字化钢铁生产工艺流程将现代数字化管理技术运用到钢铁生产工艺过程中,利用计算机、通信、网络等技术,通过运筹学技术量化管理对象与管理行为,实现钢铁生产工艺流程计划、组织、生产、协调、服务和管理的数字化。

数字化钢铁生产工艺流程将钢铁生产过程主要环节(炼铁、炼钢-连铸和轧制)进行数字化处理和数据信息集合,反映输入与输出的关系,确定系统参数,并将钢铁生产所处的高温、复杂、快速的环境,以及连续与离散的混合流程等进行抽象和建模,模拟其生产过程的物质转变、物流控制与物性控制等,以生产流程整体优化为目标,实现生产一体化控制与管理。如图1-3描述了一个数字化钢铁生产优化工艺流程。

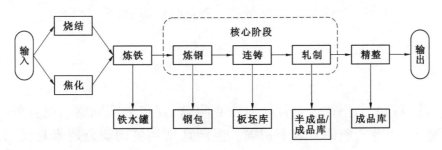

图 1-3 数字化钢铁生产优化工艺流程图

从生产计划调度角度考虑,钢铁生产流程的数字化是数字化钢铁生产流程的出发点。由于钢铁生产工艺的特殊性要求,炼钢连铸生产过程中被加工对象在高温下由液态(钢水)向固态(铸坯)的转化过程,对物流连续性与流动时间(在各设备上的处理时间及工序设备之间的运输等待时间)都有极高的要求,因此数字化钢铁生产流程总体上属于混合工艺流程。炼钢连铸调度既要考虑工件在转炉、精炼设备和连铸机等主体设备上的调度问题,还要考虑其在天车、台车以及钢包等辅助设备上的调度问题[4]。

轧钢生产流程数字化是通过获取计算机自动控制和管理信息来完成的。以热轧工序为例,板坯由炼钢连铸车间的连铸机出坯辊道直接送到热轧车间板坯库,能直接热装的钢坯送至加热炉的装炉辊道装炉加热,不能直接热装的钢坯由吊车吊入保温坑,保温后由吊车吊运至上料台架,然后经加热炉装炉辊道装炉加热,并留有直接轧制的可能。连铸板坯由连铸车间通过板坯上料辊道或板坯卸料辊道运入板坯库(当板坯到达入口前,有关该板坯的技术数据已由连铸车间的计算机系统输入到热轧厂的计算机系统),核对和验收后采集所获取的板坯的有关数据。另外,通过过跨台车运来的人工检查清理后的板坯也需核对和验收,并将有关数据输入计算机。进入板坯库的板坯,由板坯库计算机管理系统根据轧制计划确定其流向。

数字化钢铁生产工艺流程是企业生产调度和信息化的基础,如何将生产流程的几个不同的工序视为一个整体,实现精准的时序控制,是一个需要解决的生产计划调度问题。国内外正在开发和使用的 ERP、PDM、MRP 等软件和系统中[5-13]，尽管都已实现企业计划和调度的一些基本功能，但是普遍缺乏对钢铁生产流程一体化控制与调节的能力，其系统的适应能力也有限。因此，本书试图从数字化钢铁生产工艺流程出发，以计算机集成制造系统的思想与架构，实现钢铁生产过程的整体集成[14]，最终建立一种基于数字化钢铁生产混合流程的知识网系统。

1.2　数字化钢铁生产的智能调度技术

1.2.1　概述

生产计划调度是钢铁企业管理的核心问题，直接影响到钢铁企业的生产、经营和管理效率以及资源的合理利用等。生产计划调度的研究越来越受到广泛的关注。国内外学者综合运用运筹学、现代生产管理、工业工程、控制理论、人工智能、计算机科学和系统仿真等理论和方法，在钢铁生产混合流程计划调度、钢铁生产流程动态计划调度、智能调度与仿真以及知识网与知识网系统等方面取得了一些研究成果。钢铁生产智能调度的内涵是将钢铁生产多阶段混合流程调度模型问题进行参数化、模块化和知识化、智能化以及分层和分段多维优化，实现钢铁生产流程智能调度；探索钢铁生产流程智能调度与知识网的关系，将智能调度通过知识网表达出来，构建钢铁生产流程知识网系统框架体系，开发钢铁生产流程知识网系统原型。

国内外学者对智能调度的研究都是基于数值模拟、人工智能、人机交互及面向 Agent 理论等开展研究。在数值模拟方面，先建立生产计划调度的数学模型，如多品种批量生产企业的动态生产计划、集成化企业生产计划以及企业资源优化与优化模型等[15-16]，利用数学工具进行数值模拟和仿真。在人机交互方面，宝钢集团公司实施了生产经营综合计划决策支持系统，该系统结合可视化技术和优化模型，实现了在线生产计划和离线生产计划，具有准确性、灵活性和实时性[17]。俞胜平[18]提出采用组合优化、数学规划和人工智能以及综合集成方法，使数据、模型、知识集成，解决了在复杂、动态系统中应用的有效性问题，其中采用综合集成方法研究数学模型、人工智能和人机交互式的协调型生产计划与调度的技术，取得了一定成效。

然而，数值模拟等方法仅仅对实际问题进行抽象建模，虽然反映了问题的本质，但缺乏灵活性，对环境适应能力较差，仅适合于计划建模环境。人工智能利用了决策者的经验智慧，对非结构化问题处理较好，但缺乏获取信息和学习新知识的能力。人机交互具有很强的环境适应性,但没有相应的优化辅助功能,其决策结果需要反复调整。面向 Agent 理论有助于提高求解效率,但其理论和实现技术都还不完善。因此,在研究生产计划时,应充分结合运筹学建立反映实际问题本质的基本模型,然后利用人工智能技术辅助求解,也可利用人机交互提高模型的环境适应能力,利用面向 Agent 理论提高求解的效率。

智能调度技术的三个阶段为:

(1) 模型求解阶段。基于钢铁生产混合流程的多约束多目标的调度模型耦合问题的求解是关键技术。当基于启发式算法和遗传算法等求解存在局部收敛的问题时,应分析对比各种算法并寻找最优算法。

(2) 数据处理阶段。通过基于 UML 和工作流的建模描述,研究运用人工智能和软件技术,对钢铁生产混合流程调度的参数、过程等海量数据进行深度分析和可视化表达,应用数据挖掘获得有用的相关数据,从而建立多维度构成的多层次数据库。

(3) 系统构建阶段。根据钢铁生产混合流程调度的知识、规则和方法等形成知识网描述及其知识网系统模式。

1.2.2　运筹学与最优化方法

运筹学是一门综合科学,其内容包括线性规划、非线性规划、网络分析、排队论和对策论等。通常将线性规划和非线性规划统称为规划论,它们主要解决两个方面的问题:一方面是对于给定的人力、物力和财力,怎样才能发挥它们的最大效益;另一方面是对于给定的任务,怎样才能用最少的人力、物力和财力去完成。最优化方法是运筹学中的一个重要分支,它主要运用数学方法研究各种系统的优化途径及方案,为决策者提供科学决策的依据。最优化方法的主要研究对象是各种有组织的复杂系统。最优化方法的目的在于针对所研究的系统,获得一个合理运用人力、物力和财力的最佳方案,发挥和提高系统的效能及效益,最终达到系统的最优目标。最优化方法有线性规划、非线性规划、无约束优化、动态规划、多目标优化及应用、现代优化算法等。

运筹学与最优化方法在钢铁生产调度中得到了广泛的应用。钢铁生产调度中存在着大量的优化问题,如过程优化、生产优化、去库存、工艺协调、流水线布局等。优化的目的是在生产条件不变的情况下,通过统筹安排,改进生产组织或计划,合理安排人力、物力和财力资源,组织生产过程,实现总的生产效益最好。具体来说,是探究把钢水分配到哪台连铸机上浇铸,板坯分配到哪台轧机上轧制;如何把板坯订单拆分、组合到不同炉次中;如何把浇铸出来的板坯编排成符合轧制规程的"双梯形"结构,使轧制成的带钢宽度、厚度和硬度跳变惩罚最小;如何确定炼钢、连铸和热轧各生产工序批量单位的加工顺序以缩短物流周期,提高生产率等。这些优化问题总体来说即是对于钢铁生产如何实现任务分配优化、批次优化、排序优化以及它们之间的集成协同优化等,这些问题常常可以归纳为线性规划问题。而生产作业计划与调度优化是一个典型的组合优化 NP 难题,其中有大量的线性和非线性的问题需要解决。

线性规划即线性约束条件下线性目标函数的极值问题。线性规划在理论和计算方法上都很成熟,其在工程管理和经济管理中应用广泛。许多工程设计中的问题是非线性的,但也可采用线性逼近方法进行求解。此外,线性规划方法还常被用作解决非线性问题的子问题的工具,如在可行方向法中对可行方向的寻求就是采用线性规划方法。汪红兵[19]使用 Tabu 搜索的非线性遗传算法,解决了连铸机上每一种浇次的炉次之间因差异引起的费用问题,构造了一种最优浇次的数学规划模型。黄辉[20]等提出了一种调度算法,用来对具有非线性工艺的任务进行调度,它包括交货期算法和遗传调度算法。首先利用交货期算法根据主生产计划把产品计划分解为零件计划,然后利用改进的遗传调度算法实现具有非线性工艺的多个零件的动态调度。

1.2.3　智能算法

随着计算机、人工智能、知识工程等技术的迅速发展,钢铁生产计划调度问题的研究方法有了质的飞跃,形成了许多解决此类问题的调度算法和智能算法。主要有:人工神经网络优化算法(Artificial Neural Network,ANN)[21]、变邻域搜索算法(Variable Neighborhood Search,VNS)[22]、模拟退火算法(Simulated Annealing,SA)[23]、粒子群算法(Particle Swarm Optimization,PSO)[24]、遗传算法(Genetic Algorithm,GA)[25]和量子遗传算法(Quantum Genetic Algorithm,QGA)[26]。

(1)人工神经网络优化算法是 20 世纪 80 年代以来人工智能领域兴起的研究热点。它从信息处理角度对人脑神经元网络进行抽象,建立某种简单模型,按不同的连接方式组成不同的网络。在工程与学术界也常直接将该网络简称为神经网络或类神经网络。人工神经网络具有如下几个优点:可以充分逼近任意复杂的非线性关系;所有定量或定性的信息都等势分布、贮存于网络内的各神经元,故有很强的鲁棒性和容错性;采用并行分布处理方法,使得快速进行大量运算成为可能;可学习和自适应不知道或不确定的系统;能够同时处理定量、定性知识。最近十多年来,人工神经网络的研究工作不断深入,已经取得了很大的进展,其在模式识别、智能机器人、自动控制、预测估计、生物、医学、经济等领域已成功地解决了许多现代计算机难以解决的实际问题,表现出了良好的智能特性。随着人们对算法的精度及运算时间的要求的不断提高,单一的算法已经不能满足需要了,因而衍生出来了众多改进的算法,如禁忌搜索算法、蚁群算法、粒子群算法、混合遗传算法、遗传禁忌算法以及量子遗传算法等。

(2)变邻域搜索算法是一种启发式算法,由 Hansen 和 Mladenovic 首次提出。其基本思想是:在搜索优化解过程中,系统地改变邻域结构集来拓展搜索范围,获得局部最优解,再基于此局部最优解系统地、反复地改变邻域结构集,拓展搜索范围,找到另一个局部最优解。变邻域搜索算法与其他许多启发式算法不太一样,其过程比较简单,所需参数也很少而且很容易理解,且该算法的性能和效率都很高。

(3)模拟退火算法最早由 Kirkpatrick 等应用于组合优化领域,它是基于Monte-Carlo 迭代求解策略的一种随机寻优算法,其出发点是基于物理中固体物质的退火过程与一般组合优化问题之间的相似性。模拟退火算法从某一较高初始温度出发,伴随温度参数的不断下降,结合概率突跳特性在解空间中随机寻找目标函数的全局最优解,即在局部最优解概率性地跳出并最终趋于全局最优。模拟退火算法是一种通用的优化算法,理论上该算法具有概率的全局优化性能,目前已在生产调度中得到了广泛应用。模拟退火算法是通过赋予搜索过程一种时变且最终趋于零的概率突跳性,从而有效避免陷入局部极小并最终趋于全局最优的串行结构的优化算法。

(4)粒子群算法在计算方法上类似于遗传算法,但不同的是粒子群算法不使用杂交和变异等进化计算中用到的因子,而是通过模仿兽群、鸟群、鱼群等群体行为来进行搜索,它通过追随当前搜索到的最优值来寻找全局最优。粒子群算法概念简单,控制参数少,易于实现,具有一定的并行性等特点,这种算法以其实现容易、精度高、收敛快等优点引起了学术界的重视,并且在解决实际问题中体现了其优越性。

(5)遗传算法是由 Michigan 大学 Holland 教授于 1975 年首次提出的一种求解问题的全局搜索算法。其借鉴生物界适者生存、优胜劣汰的进化理论,以群体解为起点,通过自然选择的方式选取具有较高适应度的个体进入下一代,被选择的个体再通过交叉操作产生新的个体,而变异操作用于保持群体的多样性,通过不断的迭代循环,新的个体代替旧的个体,实现群体适应度的提高。遗传算法采用简单的编码技术表示优化问题的解,以概率化的寻优方法搜索整个解空间,具有良好的全局寻优能力,在组合优化、生产调度、人工智能等各种领域都有广泛的应用。

(6)量子遗传算法。早在 1994 年,贝尔实验室的应用数学家 P. Shor 就提出了量子计算。量子遗传算法是量子计算与遗传算法相结合的产物。目前,这一领域的研究主要集中在两类模型上:一类是基于量子多宇宙特征的多宇宙量子衍生遗传算法(Quantum Inspired Genetic Algorithm,QIGA);另一类是基于量子比特和量子态叠加特性的遗传量子算法(Genetic Quantum Algorithm,GQA)。前者的贡献在于将量子多宇宙的概念引入遗传算法,利用多个宇宙的并行搜索,增大搜索范围;利用宇宙之间的联合交叉,实现信息的交流,从而整体上提高了算法的搜索效率。但该算法中的多宇宙是通过分别产生多个种群获得的,并没有利用量子态,因而仍属于常规遗传算法。后者将量子态矢量表达引入遗传编码,利用量子旋转门实现染色体的演化,达到了比常规遗传算法更好的效果。但该算法主要用来解决 0-1 背包问题。编码方案和量子旋转门的演化策略不具有通用性。由于所有个体都朝一个目标演化,如果没有交叉操作,极有可能陷入局部最优。

　　智能算法在钢铁生产调度中的应用较多,多以算法和生产调度系统相结合。唐立新等提出了一种炼钢-连铸生产调度专家系统,大大缩短了调度作业计划的编制时间[27]。庞新富提出并建立 0-1 混合整数规划重调度模型[28]。李明等将启发式规则的代数表达式与混合整数规划相结合,提出了一种集成启发式规则。集成启发式规则的混合整数规划调度模型在结合启发式规则的基础上进行数学优化,克服了混合整数规划难以直接利用经验规则和基于规则的调度优化性难以保证的不足[29]。Wang Li 等针对生产调度问题,结合人工智能,提出了一种动态重构机制和重构生产调度模型[30]。张利平提出了一种使用机器学习的调度方法,该方法主要通过反向人工神经网络,基于案例的推理(CBR)等方法将调度规则知识化,完成对调度知识的学习[31]。热轧生产调度是一个非常困难和费时的过程,Fu Xiang-Qun 将混合量子-粒子群算法运用到热轧生产调度优化中,不仅提高了本地搜索和全局搜索的能力,同时结合了模拟退火算法以避免陷入局部最优[32]。其他的智能搜索算法,如蚁群算法、禁忌搜索算法、神经网络及改进的算法和混合算法同样是目前调度领域研究的热点。

　　综上所述,随着人们对算法的精度及运算时间的要求的提高,单一算法已经不能满足需要,衍生出来众多改进的算法,如禁忌搜索算法、蚁群算法、粒子群算法、遗传禁忌算法、混合遗传算法等。解决实际调度问题时可以选择一种算法或几种算法的混合。

1.2.4　平台与仿真技术

　　系统运用 MATLAB 仿真工具作为开发平台是通常的选择。MATLAB 用于算法开发、数据处理与分析,具有交互环境好、结果及可视化输出、操作灵活、应用程序接口处理便捷等优点,极大地提高了软件的开发效率。它的内部提供了大量的工具箱以及计算算法的集合,功能全面,可供各种不同研究领域人员使用。在函数中所使用的算法都是科研和工程计算中的最新研究成果,而且经过了各种优化和容错处理。在通常情况下,可以用它来替代一般编程语言,如 C 语言和 C++语言。在计算要求相同的情况下,使用MATLAB的编程工作量会大大减少。MATLAB中的函数集包括从最简单、最基本的函数到诸如矩阵、特征向量、快速傅立叶变换等复杂函数在内的大量函数,能够解决矩阵运算和线性方程组的求解、工程中的优化问题、多维数组操作以及建模动态仿真等大量复杂问题。在相关计算中,研究人员或程序员不必编制大量的算法程序,可直接调用 MATLAB中的遗传算法进行求解,缩短编程与计算周期。

系统运用 MATLAB 工具作为开发平台,因为 MATLAB 不仅有算法工具箱的支持,还能直接将结果进行可视化呈现,以 GANTT 图来显示,尤其适应生产调度的仿真要求。但 MATLAB 本身作为一种解释性语言,对程序以边解释边执行的方式运行,其效率相对较低,在面向对象的应用程序开发方面相对较弱。

通常,生产调度系统开发需要建立相对独立的系统平台。这种系统往往是面向对象的应用程序开发平台[33]。在编程语言方面,要大量使用 C 语言和 C++以及C#。其中 C 语言的设计目标是提供一种能以简易的方式编译、处理低级存储器、产生少量的机器码以及不需要任何运行环境支持便能运行的编程语言,在处理速度上它有十分明显的优势。C++语言包含了 C 语言的词法和语法全部内容,同时它增加了面向对象程序设计语言所必备的内容。而C#是一种安全的、稳定的、简单的、优雅的,由 C 语言和 C++衍生出来的面向对象的编程语言。它在继承 C 语言和 C++强大功能的同时去掉了它们的一些复杂特性(例如没有宏以及不允许多重继承)。C#综合了 VB 简单的可视化操作和 C++的高运行效率,以其强大的操作能力、优雅的语法风格、创新的语言特性和便捷的面向组件编程的支持成为 Microsoft. NET 开发的首选语言。

与 MATLAB 相比,C#是一种编译性的语言,经过编译后,程序代码转化为二进制的形式,执行速度比 MATLAB 快几倍。它也具有极好的面向对象功能,界面设计极其灵活、简单,对外部设备的控制能力强。但C#. NET 的计算能力有限,特别是针对工程类,如求解数学模型、求最优解以及收敛性等方面。

综合来看,研究生产计划与调度问题的仿真分析可以利用 MATLAB 与C#混合编程[34],突出 MATLAB 仿真工具与 C# 混合编程的各自优点,以CASP. NET平台搭建主要应用程序,以 MATLAB 完成模型计算、求解和结果输出,实现仿真分析。

1.2.5 控管一体化技术

钢铁生产调度系统主要是通过利用离散事件动态系统来处理钢铁生产过程中的一些不确定问题及一些系统扰动的控制分析。钢铁企业控管一体化技术的实现是以钢铁企业信息化系统的架构为前提的,以企业资源计划(Enterprise Resource Planning,ERP)、制造执行系统 (Manufacturing Execution System,MES)、生产过程控制系统(Process Control System,PCS)为核心来实施的[35]。

(1) 企业资源计划 ERP。ERP 由美国高德纳咨询公司(Gartner Group)在1990 年首次提出,它是基于供应链管理思想的企业资源计划管理软件,是 MRP(Material Requirement Planning,物料需求计划)的升级,涵盖生产资源计划、制造、财务、采购、质量管理、业务流程管理及产品数据管理等模块。钢铁生产 ERP 通过对销售、采购、出厂、设备、财务、成本等宏观的分析,制订相对宽泛的企业计划,根据企业计划下达以作业计划、能源计划、成本计划和维修计划为主的综合生产计划。知识网系统就是根据相应的综合生产计划,以合同订单为对象,制订更为细化的生产计划,包括合同计划、炉次计划、浇次计划和轧制计划。

(2) 制造执行系统 MES。MES 是由美国 AMR 公司在 20 世纪 90 年代初提出的概念,是在 MRP 的基础上协同车间作业控制来实现生产车间信息化控制。它是连接生产计划与生产过程控制的协同管理平台。生产计划作用于 MES 中,与 MES 管理对象(包括物料、生产、计划、质量及仓库的管理)综合发挥作用,使任务下达各个车间,开始执行生产。相对于 MES 的车间层次的生产计划而言,知识网系统的对象是从炼铁、炼钢到轧钢的整个钢铁生产流程,因此,在计划执行过程中,MES 是以知识网系统所编制的计划为决策依据,对生产组织、生产平衡进行安排和调配。

(3) 生产过程控制系统 PCS。生产运行过程中,过程控制与监控由 PCS 完成,知识网系统与 PCS 之间保持着数据共享与信息的传递,通过实时数据,结合系统中知识点的分析,及时有效地应对生产过程中的扰动变化。另外,知识网系统中存储了大量的钢铁生产类知识点,通过这些知识点的联系,可预测生产过程中的可能影响与趋势变化,与 PCS 实时监测数据结合,能更快地对意外情况作出合理的决策。

钢铁生产流程知识网系统作为 ERP/MES/PCS 之间的信息交互与数据传递的纽带[36],其最大的特点是整合了钢铁生产工序间的“不同步”衔接性,通过每个工序间的节点,辅助决策,编制合同计划、炉次计划、浇次计划和轧制计划,并联合 PCS 的控制,实现钢铁生产流程的一体化管理。

近年来,一些企业对传统生产系统架构进行了优化,开发出了知识获取及管理系统(KMS)。最早的知识化制造系统的概念是由严洪森提出来的[37],近年逐渐形成了最新架构模式的信息化系统。钢铁生产智能调度及其知识网系统是将模糊推理、专家系统、人工智能及数字化调度等集于一体的自适应、自学习的钢铁生产动态调度系统。本书试图探索实现钢铁企业控管一体化技术的方法,建立一个由 PCS 监控，ERP 决策与控制，MES 执行的数字化的钢铁生产一体化知识网系统。

参 考 文 献

[1] 蒋国璋. 面向钢铁流程知识网系统的生产计划与调度模型及其优化研究[D]. 武汉：武汉科技大学，2006.

[2] 何恩元. 基于知识网格的钢铁生产流程调度系统的研究[D]. 武汉：武汉科技大学，2014.

[3] 殷瑞钰. 冶金流程集成理论与方法[M]. 北京：冶金工业出版社，2013.

[4] 高慧敏，曾建潮. 钢铁生产调度智能优化与应用[M]. 北京：冶金工业出版社，2006.

[5] 蒋国璋，曹俊，孔建益，等. 基于轧钢生产知识网系统生产过程控制模型研究[J]. 冶金设备，2008(6)：31-33.

[6] 唐秋华，陈伟明，蒋国璋，等. 基于 JIT 的炼钢-连铸生产调度模型研究[J]. 武汉科技大学学报：自然科学版，2008，31(1)：78-82.

[7] 殷瑞钰. 高效率、低成本洁净钢"制造平台"集成技术及其动态运行[J]. 钢铁，2012，47(1)：1-8.

[8] 张福明，钱世崇，殷瑞钰. 钢铁厂流程结构优化与高炉大型化[J]. 钢铁，2012，47(7)：1-9.

[9] 李公法，孔建益，蒋国璋. 焦炉生产的智能控制与管理系统研究[J]. 化工自动化及仪表，2008，35(1)：53-56.

[10] 蒋国璋，孔建益，李公法，等. 基于遗传算法的钢铁产品生产计划模型研究[J]. 机械设计与制造，2007(5)：204-206.

[11] XIONG H, FAN H, JIANG G, et al. A simulation-based study of dispatching rules in a dynamic job shop scheduling problem with batch release and extended technical precedence constraints[J]. European Journal of Operational Research，2016，257(1)：13-24.

[12] XIANG F, JIANG G Z, XU L L, et al. The case-library method for service composition and optimal selection of big manufacturing data in cloud manufacturing system[J]. The International Journal of Advanced Manufacturing Technology，2016，84(1)：1-12.

[13] YIN J, LI T K, CHEN B J, et al. Dynamic rescheduling expert system for hybrid flow shop with random disturbance[J]. Procedia Engineering，2011，15：3921-3925.

[14] 殷瑞钰. 洁净钢平台集成技术——现代炼钢技术进步的重要方向[J]. 钢铁，2009，25(7)：1-4.

[15] 庞新富，俞胜平，罗小川，等. 混合 Jobshop 炼钢-连铸重调度方法及其应用[J]. 系统工程理论与实践，2012，32(4)：826-838.

[16] 李公法，孔建益，蒋国璋，等. 焦炉加热复合智能控制系统的研究与应用[J]. 钢铁，2008，43(8)：89-92.

[17] HUANG H，CHAI T Y，LUO X C，et al. Two-Stage method and application for molten iron scheduling problem between iron-making plants and steel-making plants[C]. IFAC Proceedings Volumes，2011，44(1)：9476-9481.

[18] 俞胜平，庞新富，柴天佑，等. 炼钢连铸生产模式及优化调度模型[J]. 系统工程理论与实践，2011，31(11)：2166-2176.

[19] 汪红兵，徐安军，姚琳，等. 应用改进遗传算法求解炼钢连铸生产调度问题[J]. 北京科技大学学报，2010，32(9)：1232-1237.

[20] 黄辉，柴天佑，郑秉霖，等. 面向铁钢对应的两级案例推理铁水动态调度系统[J]. 化工学报，2010，61(8)：2021-2029.

[21] 马锐. 人工神经网络原理[M]. 北京：机械工业出版社，2014.

[22] COLOMBO F，CORDONE R，LULLI G. A variable neighborhood search algorithm for the multimode set covering problem [J]. Journal of Global Optimization，2015，63(3)：461-480.

[23] ZHANG R，WU C. A hybrid immune simulated annealing algorithm for the job shop scheduling problem [J]. Applied Soft Computing，2010，10(1)：79-89.

[24] JI W D，ZHU S Y. A filtering mechanism based optimization for particle swarm optimization algorithm[J]. International Journal of Future Generation Communication and Networking，2016，9(1)：179-186.

[25] VIVEKANANDAN P，NEDUNCHEZHIAN R. A fast genetic algorithm for mining classification rules in large datasets [J]. Computing & Informatics，2010，32(1)：1-22.

[26] 张毅，卢凯，高颖慧. 量子算法与量子衍生算法[J]. 计算机学报，2013，36(9)：1835-1842.

[27] WANG X P，TANG L X. An adaptive multi-population differential evolution algorithm for continuous multi-objective optimization[J]. Information Sciences，2016，348(2)：124-141.

[28] 庞新富，高亮，潘全科，等. 某一转炉或精炼炉故障下炼钢-连铸生产重调度方法及应用[J]. 控制与决策，2015，30(11)：1921-1929.

[29] 李明，李歧强，郭庆强，等. 集成启发式规则的混合整数规划调度模型[J]. 高技术通讯，2010，20(9)：971-977.

[30] WANG L，ZHAO J，WANG W，et al. Dynamic scheduling with production process reconfiguration for cold rolling line[J]. World Congress，2011，18 (1)：12114-12119.

[31] ZHANG L P，LI X Y，GAO L，et al. Dynamic rescheduling in FMS that is simultaneously considering energy consumption and schedule efficiency[J]. International Journal of Advanced Manufacturing Technology，2013，87(5-8)：1387-1399.

[32] FU X Q, BAO W S, ZHOU C, et al. Quantum algorithm for prime factorization with high probability[J]. Acsta Electronica Sinica, 2011, 39(1): 35-39.

[33] JIANG G Z, GU Y S, KONG J Y, et al. Product line production planning model based on genetic algorithm[J]. International Review on Computers & Software, 2011, 6(6): 1023-1027.

[34] ZHANG L, ZENG G Y, ZHAN D F, et al. Application of VC++ and MATLAB mixed-programming based on MATCOM in signal processing[J]. Applied Mechanics & Materials, 2012, 201-202(1): 61-64.

[35] 蒋国璋, 孔建益, 李公法, 等. 基于 B/S 和 ASP 的连铸-连轧生产知识网系统设计研究[J]. 机械设计与制造, 2007(3): 59-61.

[36] 蒋国璋, 曹俊, 孔建益, 等. 基于轧钢生产知识网系统生产过程控制模型研究[J]. 冶金设备, 2008(6): 31-33.

[37] 严洪森, 刘飞. 知识化制造系统——新一代先进制造系统[J]. 计算机集成制造系统-CIMS, 2001, 7(8): 7-11.

2 数字化钢铁生产混合流程及其知识网系统

2.1 钢铁生产混合流程数字化

2.1.1 钢铁生产流程数字化的知识

钢铁企业是典型的流程工业,但它综合了流程型企业和离散型企业的两大特点,其生产过程具有分段性、连续性和间歇性的特征,十分复杂、多变。传统的钢铁生产过程主要包括焦化、烧结、炼铁、炼钢和轧钢,多数现代钢铁企业对生产流程进行了完善,优化了连铸、连轧、精整等工序。钢铁生产连续、离散流程如图 2-1所示。

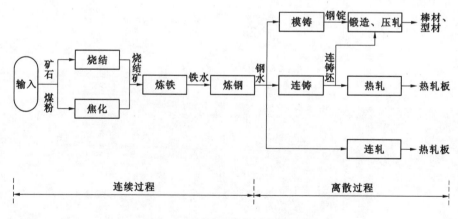

图 2-1 钢铁生产连续、离散流程图

钢铁生产流程工序繁多,一般可简化为炼铁、炼钢、连铸和轧制四个主要工序。这四个主要工序在前面章节已做介绍,此处不再赘述。

钢铁企业生产流程主要凸显出以下四个特点:

(1)产品多样性。主要体现在两个方面,其一是生产工艺决定产品种类;其二是产品的规格型号。产品种类多样化主要体现在钢铁成品有板材、管材、型材等不同类型,但钢铁企业的输入原料一般相对单一,因此,这些成品在生产过程中,会经由相同的工序,如炼铁、炼钢,再通过不同的铸造、轧制等单元后续处理,形成特定形状的钢材。规格型号的不同主要是由于每种钢材都有其固定的标准,包括化学成分、规格参数以及所展现的机械性能等。

(2)工艺复杂性。钢铁生产流程简要概括为炼铁、炼钢、轧钢三个大的工序,但实际的过程却是极其复杂的。炼铁过程要考虑矿石原料的元素含量、成分构造,炼化过程又要兼顾物理变化与化学变化的影响;炼钢过程需考虑钢水的成分、温度、元素含量,钢水运输过程又要兼顾物流线路及钢水温度变化等;轧钢过程同时要考虑产品对应的宽度、长度、厚度、重量和钢材等级,直到轧制完成阶段。而在市场对钢铁产品需求明显下降的情况下,企业更是要通过绝对的质量保证来占领市场,对于生产工艺的要求更加严格。

(3)过程连续性。浇铸工区的原料来源于转炉的钢水,因此,炼钢-连铸的生产过程必须确保连续,且按照事先编制好的生产计划生产,否则易造成工序中断情况。若某工序出现中断,则上道工序因为无法将产品运往下道工序生产,出现积累停留而占用不必要的设备资源,造成浪费。例如,当钢水准备运往连铸机进行浇铸时,连铸机出现设备停运或铸模短缺等,则钢水必须停放于电炉中进行保温,防止钢水冷却,从而影响电炉的使用效率,造成严重的资源浪费。钢铁企业的生产成本主要来源于原料和燃料的消耗,因此,要提高效率、消除浪费,生产过程中必须对原料的质量、数量和工艺参数进行严格控制。

(4)生产能力集中且组织灵活。钢铁企业的生产能力主要体现在机组设备上,如炼钢炉、连铸机和轧机。制订生产计划与调度的过程中,必须考虑到设备的供料,确保供料充分,同时避免产能过剩,保证平衡生产。在原料供应上,可以长、短流程同时兼顾;对于相似产品的生产,生产借料、合炉冶炼和组批轧制操作灵活,便于提升生产计划与动态调度的调整空间,从而避免影响整个生产线,造成车间生产紊乱的情况。

2.1.2 基于混合生产流程数字化的知识分析

企业的生产一般是由多种流程组成的,这些流程之间存在着相互作用与相互联系的关系,并不是完全孤立存在的。一般地,把企业的生产流程划分为三种形式:串行流程、并行流程和混合流程[1]。串行流程是在上一个流程结束后才能进入下一个流程,即下一个流程需要上一个流程输出作为其输入,如图 2-2 所示;并行流程是多个串行流程同步工作,如图 2-3 所示;如果这两个流程之间存在着信息、物料的交互传递,那么就形成了第三种形式,即混合流程,如图 2-4 所示。

图 2-2　串行流程

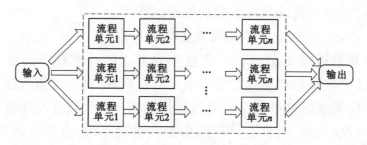

图 2-3　并行流程

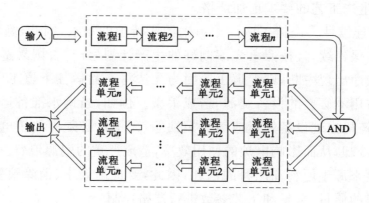

图 2-4　混合流程

混合流程又称为半流程或者离散-连续流程[2-4]。钢铁生产过程中的总流程是固定的,例如炼铁-炼钢-连铸-连轧,这个过程不能颠倒,不能紊乱,必须按照规定流程生产,但在其中的部分工序会产生调配任务,比如一道相同性质工序转接到另一台设备继续进行,或者改变其工艺路线,某些工序间甚至出现间断或等待,因此,钢铁生产流程是连续又离散的。在这一过程中,将混合流程的每一个流程单元看作是知识点与知识点之间的连接,通过知识节点的关系实现流程的整体化。混合流程的加工线路、产品批量等更加灵活,易采用多功能设备,能适应产品多样化和个性化订单等现代市场的需求。

混合流程企业往往会面临生产流程间的衔接问题,这也是现代钢铁生产的共性问题。为解决生产工序间的"不同步"衔接,必须对生产过程进行管理与控制,因此,企业已把生产管理系统的研发提高到重要位置。生产管理系统的作用就是对企业的生产流程进行有组织的控制与管理,同时使生产按制订的计划按时、有序地进行。在现代钢铁企业中,企业管理整体方案主要由企业资源计划(ERP)、制造执行系统(MES)和生产过程控制系统(PCS)组成[5]，也包含其他结构分层的系统架构。本书后续章节将分析以上三者以及其与知识网系统之间的关系。在混合流程企业中，适应复杂多变的生产环境、符合混合特性的生产要求的系统尤为重要，由钢铁生产特点所决定的生产管理模式和方法是系统研究中需集中考虑的问题。

2.2　基于知识的系统

知识是用于解决问题或者决策者经过整理的易于理解的结构化的信息，系统主要依靠获得知识并运用知识的过程来体现其智能。因此，知识化实际上成为人工智能管理系统的关键之一，而要攻克的核心技术在于知识的表示、获取、管理及应用。大多数的生产管理系统都是基于数据库设计的，但对于现代企业的运作与发展而言，仅仅是基于数据库开发的系统已远远不能满足企业的发展要求。因此，众多学者以知识化、智能化为重点研究方向，力求开发出新一代的生产管理系统，经过长期的研究探索，目前取得了一定的成果。

生产管理系统已经由基于数据库、基于规则的系统向基于知识的系统发展。基于数据库的系统往往仅用于数据的处理与输入、输出，而用户必须通过主观判断来选择所需信息数据，从而导致运行效果差，效率低。系统的维护、更新也取决于管理人员的操作，系统本身对于外界因素的影响没有做出反应的能力。基于规则的系统，以推理(IF/ELSE)与模式匹配为其最显著特点，比数据库系统更加灵活。根据用户的需求，系统已设定完好的规则，处理相关问题，反馈结果，使得用户能够直接由系统得到所需信息，无须进行自我判定，帮助决策者节省大量时间。基于知识的系统，是新一代的系统，既克服传统系统缺点又具备更佳的智能性。它不仅具有一定的决策能力，更能通过各种学习方式进行自我更新、扩充自身。基于知识的系统有几大特征：自适应、自进化、自培训、自重构、自学习、自维护。它使知识点与知识点之间通过规则相互联系，知识信息在其内部形成一种网络结构形式，它利用严格的推理机制控制知识信息之间的传递、转换。

基于知识的系统的核心技术是"知识化"，这也是先进生产制造系统智能化发展的最高需求。目前，信息化已经不再是科技的前沿，它已经在现代企业的生产与管理中被大量使用，现代企业的竞争已经转变为知识化的竞争。在信息化普及的同时，大量的生产管理信息被存储在数据库系统中，这些信息中隐藏了许多有用的知识，而要获取这些知识，就需要采用机器学习、数据挖掘等方法，也就是说系统通过自己来得到信息，并通过解释、推理和应用，达到自学习、自更新的目的。因此，知识化系统成为钢铁企业智能管理与辅助决策的平台，通过对生产流程中节点知识及其关系的研究,统筹整个生产线,实现钢铁生产流程的管理与控制。

生产计划与调度和生产流程控制是钢铁生产流程管理的主要内容。生产计划与调度就是通过合同订单信息,制订目标并按排程生产;生产流程控制则是对生产过程进行监测,通过实时调整作业,防止生产平衡被破坏。这两方面是钢铁生产流程一体化控制的重要影响因素,同时还应有优化的数学模型,能适应各种生产约束环境;应有能实现模块化管理的信息系统,包括炼钢-连铸-连轧等相关流程信息的知识系统以及计算机辅助决策系统。钢铁生产流程知识网系统是基于这些条件构建的,为决策者提供了一个良好的平台,其核心架构包括了知识库、算法库、数据库和模型库以及其他知识库。钢铁生产知识网系统核心体系构架如图 2-5 所示。

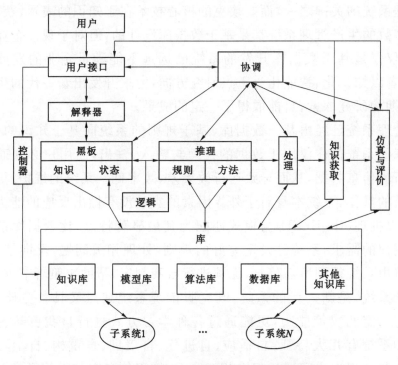

图 2-5 钢铁生产知识网系统核心体系构架

用户通过用户接口对系统进行访问,利用解释器对用户问题描述进行翻译,以便下一层次辨识;黑板是一个实时的共享数据区,用于存储、显示、读取正在运行的程序的状态情况,同时将翻译后的信息按照相应的逻辑(规则)反馈给推理模块,对用户描述的问题进行实际特征提取、处理,直至完成结果输出并反馈到用户接口。在这一过程中,协调模块对整个运行程序的平衡性进行调整,防止过程紊乱、系统崩溃。最底层由库构成,是系统的核心模块,包括知识库、模型库、算法库、数据库等。

（1）知识库

知识库主要存储事实类知识和规则类知识。事实类知识包括生产参数知识、设备产能知识等；规则类知识主要包含钢铁生产工艺技术类知识和生产计划与调度知识，为计划形成过程提供依据。知识网系统在运作过程中，依靠知识库中的知识点将多个子系统链接集成为一个整体。

（2）模型库

模型库是为生产计划与调度形成过程提供决策的模型，该模型的优劣是决策结果合理与否的重要根据。各类数学模型以框架知识表示的方式存放于模型库中，并构成模型网络。系统响应用户操作请求，在模型库中匹配出最优模型并对其进行相关的描述、解释，内容包括约束条件、适用范围以及参数物理意义等。

（3）算法库

算法库主要存储模型求解过程所需的智能算法，如遗传算法、禁忌搜索算法等。根据模型特征及实际问题的描述，算法库按一定的规则，推理出最优算法并对其进行解释，同时提供算法程序。

（4）数据库

数据库是系统的重要支撑，主要包括各类信息表。系统在运作过程中，数据信息的输入、输出、转换都涉及基层数据库的操作。

2.3 钢铁生产混合流程数字化知识网系统

2.3.1 钢铁生产混合流程数字化知识网系统与 ERP/MES/PCS 的关系

传统钢铁企业信息化系统的架构，是以企业资源计划（ERP）、生产过程控制系统（PCS）、制造执行系统（MES）为核心的。经过不断的探索改革，近些年来，大量企业对传统的架构进行了优化，开发出了知识获取及管理系统（KMS），形成了最新架构模式的信息化系统。

钢铁生产混合流程知识网系统是属于 KMS 一类的新概念系统，对此领域的研究与应用相对较少。在传统的三层结构中，它作为辅助决策系统嵌入到整个大系统当中，是连接 ERP、MES 和 PCS 的纽带，其主要关系如图 2-6 所示。ERP 通过对销售、采购、出厂、设备、财务、成本等的宏观分析，制订相对宽泛的企业计划，根据企业计划下达以作业计划、能源计划、成本计划和维修计划为主的综合生产计划。知识网系统就是根据相应的综合生产计划，以合同订单为对象，制订更为细化的生产计划，包括合同计划、炉次计划、浇次计划和轧制计划。在这一过程中，该生产计划作用于 MES 系统，与 MES 管理对象（包括物料、生产、计划、质量

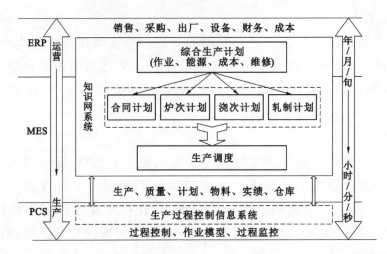

图 2-6　钢铁生产混合流程知识网系统与 ERP/MES/PCS 的关系

及仓库的管理)综合发挥作用,使任务下达至各个车间,开始执行生产。相对于 MES 的车间层次的生产计划而言,知识网系统的对象是从炼铁、炼钢到轧钢的整个钢铁生产流程,因此,在计划执行过程中,MES 是以知识网系统所编制的计划为决策依据,对生产组织、生产平衡进行安排和调配。

在生产运行过程中,过程控制与监控由 PCS 完成,知识网系统与 PCS 之间保持着数据共享与信息的传递,通过实时数据,结合系统中知识点的分析,及时有效地应对生产过程中的扰动变化。另外,知识网系统中存储了大量的钢铁生产类知识点,通过这些知识点的联系,可预测生产过程中的可能影响与趋势变化,与 PCS 实时监测数据结合,能更快地对意外情况作出合理的决策。

钢铁生产混合流程知识网系统作为 ERP/MES/PCS 之间的信息交互与数据传递的纽带,其最大的特点是整合了钢铁生产工序间的"不同步"衔接性,通过每个工序间的节点,辅助决策,编制合同计划、炉次计划、浇次计划和轧制计划,并联合 PCS 的控制,实现钢铁生产流程的一体化管理。

2.3.2　知识网系统中的生产计划知识节点

钢铁生产混合流程知识网系统运作模式是以形成一体化生产计划与调度为主,结合其他相关子系统产生效益。通过一体化计划排程,解决炼钢-连铸-连轧工序的集成问题。多约束的组合优化是解决这三道工序集成的实质,运用合理的生产组织,安排生产过程使其按时、有序地进行,以达到最优的生产平衡。要实现这个目标,必须通过各个工序的生产计划节点知识来综合考虑合同计划、炉次计划、浇次计划和轧制计划。每个阶段生产计划是以该阶段的计划知识节点为依据编制的。

(1) 合同计划知识节点

根据机组前一阶段的产能情况,分析获得下一阶段产能计划,对计划的分派进行生产平衡测定之后,一般即可形成完整的合同计划。系统在编制合同计划时,其主要依据是合同订单信息,包括产品信息、交货期上下限、优先级别等。通过对生产约束条件的描述与分析,选择最优模型进行求解得到合同计划。合同计划在整个生产计划中起主导作用,根据合同计划完成一定周期内的生产任务。

(2) 炉次计划知识节点

炉次计划是批量计划,主要作用于炼钢-连铸生产过程,但在形成过程中,要考虑到能否形成一个浇次。在炉次计划阶段,中间合同和最终合同信息之间存在差异,如钢级、物理特性、规格等,因此,按照合同信息,每一炉次的合同重新组合,同时满足成本最低、耗材最少和冶炼炉容量最小的要求,形成炉次计划。系统根据合同计划的要求,并按照一定的规则将合同(合同是指一种合理、合法、具有一定规则的生产管理协议)分好类,反馈到炉次计划编制模块,在满足所有约束条件的情况下,得到最优的炉次计划。

炉次计划影响要素如下:

① 同一炉次中,板坯规格必须相同;

② 一炉次钢水占炉容量的 $95\% \sim 100\%$;

③ 交货期必须接近。

(3) 浇次计划知识节点

由于多个炉次才能构成一个浇次,因此,在炉次计划形成过程中,考虑到浇次的影响,必须等炉次数能构成一个浇次,才能形成炉次计划。一般编制浇次计划有三个参考依据:板坯旬生产计划、旬材料申请计划表、合同信息表。浇次计划的形成也要考虑到轧制生产计划和板坯库存情况。

浇次计划影响要素如下:

① 同一浇次中,板坯规格相同;

② 连铸炉数/浇次<结晶器寿命;

③ 连铸炉数/浇次>中间包寿命。

(4) 轧制计划知识节点

轧制计划主导整个生产流程,直接关系到生产过程能否平稳进行、产品能否按期交货,因此,轧制计划的编制要考虑多方面的影响因素。轧制计划编制首先要考虑轧制单元,即从更换一个轧辊开始到更换下一个轧辊为止,一般轧制单元是根据产品的规格尺寸和生产质量来确定大小。另外应考虑到轧制单元的约束条件,包括产品结构、规格参数等。对于热轧而言,应尽量确保板坯的温度,避免再加热造成资源浪费。

轧制计划影响要素如下：

① 产品结构及规格参数、质量要求；

② 轧制单元大小、轧辊材质及更换周期；

③ 板坯轧制长度；

④ 库存及卷取能力。

在编制合同计划、炉次计划、浇次计划和轧制计划时，根据钢铁生产流程知识、生产参数，结合统计学、运筹学、智能算法等相关知识，对结果的正确性提供了可靠的支持。

2.3.3 知识网系统中的生产调度

知识网系统中针对钢铁生产的调度要解决两个方面的问题。

（1）静态调度

静态调度是以企业宏观计划为基础进行调整、控制的组织运行方案，而动态调度是指在作业环境信息和任务存在不可知扰动的情况下，根据监控生产过程，进行实时调度调整。在 MES 系统中，连铸机、轧机等设备组的计划编制完成后，依靠订单大量生产，以订单需求为依据，确定产品的参数，如品种、规格等，以车间为对象，下达生产计划。而对钢铁企业而言，往往应考虑整体的生产组织，即需要统筹钢铁生产全过程的生产计划平衡（这包括从焦化、烧结、高炉、转炉到连铸、轧制等，以及相关工序的设备组的资源调配平衡），从而确保整个企业生产线稳定、流畅地进行。一般应考虑以下四个方面：

① 高炉-转炉对接处理方案。要确保钢铁生产流程的集成控制，就必须解决炼铁与炼钢两道工序间的对接问题，实际生产过程中，这两道工序的对接极其困难。由于两道工序之间的生产工艺差别以及设备水平发展的不均衡，很难做到一对一的准确的衔接。根据供铁的节奏与对应的炼钢消耗铁水的速度、转炉的产能，科学地组织多座高炉给多座转炉供铁，确定最优的高炉、转炉间的对接关系，以保证生产流程的流畅有序。

② 铁水调运路线处理。铁水运输是钢铁工业必须考虑的问题，在选择最合适路线的同时要确保铁水温度保持在规定范围内。在生产车间内，除铁水外，还有铁渣、钢渣的运输、倒调。既要安排炼钢过程中铁水的供应，又要考虑铁渣、钢渣的倒调，因此，合理地选择路线及机车设备，才能降低成本、提高作业效率。

③ 煤气配置与供应模式。煤气产量、煤气供应量、煤气需求量是钢铁企业生产成本与能源消耗的重要指标，通过合理安排配置与供应关系，使三者之间达到平衡。生产过程中，既要保证轧钢过程所需压力、热值、流量等，也要确保对富余煤气的利用，提高资源利用率，消除浪费，降低成本。

④ 生产计划与检修计划平衡。设备组在设备检修、定修（即"定期维修"）计划的基础上，根据实际情况、工况条件，确定产品的规格及品种组织生产。根据企业整体的生产计划，接到生产任务的机组，按产品的种类、规格、工艺差异等确定炼钢、连铸、连轧工序之间的对接，按工艺技术要求及生产时序制订生产时刻表。

（2）动态调度

与静态调度相比，动态调度面向的是不可预知的干扰因素，并且要及时响应，确定解决方案，因此动态调度往往更为复杂。有两个方案能够解决动态调度问题：其一是在没有静态调度计划的基础上，直接根据现场的实时监测（包括生产设备及作业流程状况），通过数据分析与计算，确定调度方案，即实时调度；其二是在原有静态调度计划的基础上，根据现场环境的变化及生产过程的需求，对原有计划进行调整、优化，得到新的调度计划，保证生产组织重新达到平衡，即重调度。重调度是目前生产调度的研究重点，较前者而言，能够获得更为优化的调度结果。

2.3.4　知识网系统中扰动解决方案

在钢铁生产过程中，影响生产计划的因素很多。生产扰动是指由于某些动态变化而影响静态调度事先做出的生产组织平衡。可将其简要概括为四大类：时间扰动、工艺扰动、设备扰动和任务扰动。例如工艺扰动中的铁水运输，既要保证运输时间最短，路线最优，还要确保铁水成分不发生变化，不被氧化，因此对这个过程的控制是极其困难的，容易出现温度变化、路线变更等扰动。另外，设备故障、设备检修也是常见的扰动。若产生的扰动对生产过程没有实质性的影响，只做微调，依靠控制生产节奏来消除扰动影响。当发生较严重的扰动时，如设备故障，则会打破原有生产组织的平衡，影响到整个生产线的运行。此时，则需要根据实际情况，对原有调度计划进行重排，重新分配生产资源及供应模式，直至生产线重新达到平衡。扰动分类、扰动事件及其解决方案如表 2-1 所示。

表 2-1　扰动分类、扰动事件及其解决方案

扰动类别	扰动事件	解决方案
时间扰动	生产作业时间、物流运输时间与原定计划相差过大	根据实时监测数据与生产作业计划动态调整，合理分配加工时间与运输时间补偿偏差，严重情况通过人机交互调整
工艺扰动	钢水成分不合格、温度不合格引起的钢种改判或钢水反送	判断是否改钢，不改钢则判定不合格并对此炉钢进行标记，继续生产；改钢则确定改钢类型及运输路径变化，重新调整作业计划
设备扰动	设备故障、设备检修	改变工艺路线保证生产平衡，重新制订计划达到生产平衡
任务扰动	追加计划、减少或取消部分计划、调整计划执行顺序	适当调整计划执行的优先级，增加任务、减少任务或调整任务顺序

2.4　数字化钢铁生产一体化控制及其知识网系统结构模型

钢铁生产过程优化的实质是物流与各流程工序间的衔接优化集成的过程[6-8]。由于钢铁工业是处于高温作业环境且生产产品多样化,因此其物流调配困难。除线路选择困难外,既要克服高温环境,还要保证按时、按序运输,以确保工序间连续不间断作业。生产工序间又包含能量的传递与转换、设备生产能力的衔接匹配,导致物流必须考虑时间、生产节奏、温度间的平衡程度。这些因素给钢铁生产计划与调度造成了极大的困难。要实现一体化的生产管理与控制,物流与各工序间的衔接优化是必须解决的问题。

引入运筹学的原理,用网络图形式直观地表示出钢铁生产流程,节点表示炼钢-连铸-连轧工序过程中的工位,节点与节点之间的联系表示每个工位之间的相应关系,同时考虑产品类型、机组设备状况及生产组织关系等构架出钢铁生产混合流程网络结构模型,即:

$$P = \{P_1, P_2, \cdots, P_M\}, \quad P_i = \{P_{i1}, P_{i2}, \cdots, P_{ik}\}$$

其中,P_i 表示第 i 道工序,集合 P 表示整个过程共有 M 道工序,P_{ik} 表示第 i 道工序上有 k 个相同功能工位以及机组设备(多设备同时工作)。

用 R 来表示工序与工序间的逻辑关系:

$$R = \begin{array}{c} \\ P_1 \\ \vdots \\ P_M \end{array} \begin{array}{ccc} P_1 & \cdots & P_M \\ \left[\begin{array}{ccc} R_{11} & \cdots & R_{1M} \\ \vdots & \ddots & \vdots \\ R_{M1} & \cdots & R_{MM} \end{array} \right] \end{array}, \quad R_{ij} = \begin{array}{c} \\ P_{i1} \\ \vdots \\ P_{ik} \end{array} \begin{array}{ccc} P_{j1} & \cdots & P_{jk} \\ \left[\begin{array}{ccc} R_{i1,j1} & \cdots & R_{i1,jk} \\ \vdots & \ddots & \vdots \\ R_{ik,j1} & \cdots & R_{ik,jk} \end{array} \right] \end{array}$$

其中,R_{ij} 表示两个工序之间工位的直接逻辑关系,如果两者之间没有直接的逻辑关系,则 $R_{ij}=0$;在钢铁生产过程中,由于工艺路线是固定的,在忽略钢水反送的条件下(即当 $i \geqslant j$ 时),则 $R_{ij}=0$。

$$R_{im,jn} = \begin{cases} 1 & \text{节点 } P_{im} \text{直接到达节点 } P_{jn} \\ 0 & i \geqslant j; i,j \in \{1,2,\cdots,M\}; m \in \{1,2,\cdots,k\}; n \in \{1,2,\cdots,k\} \end{cases}$$

根据以上关系,可得到钢铁生产混合流程的网络结构模型,如图 2-7 所示。

订单任务 T 要经过 P_{i-1}、P_i、P_{i+1} 三道相邻的工序,则节点表示任务 T 所能选择的工位,有向线段表示 T 的运输路线及工艺路线,虚线有向线段表示可能出现的反馈或反送情况(例如钢水反送)。

现代钢铁企业的生产计划主要依靠订单合同,根据客户需求量进行大量生产。将整个生产流程划分为五大主体:订单、炼钢、连铸、轧制、板坯。从客户合同分离出要生产的订单,同时根据相应的订单信息、板坯库及板坯参数标准,形成合

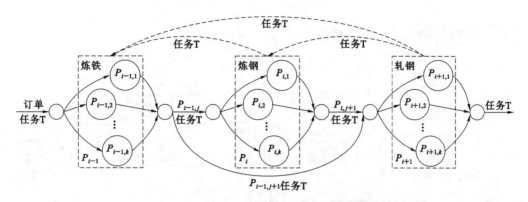

图 2-7 钢铁生产混合流程网络结构模型

同计划。根据炼钢设备状况,安排炉次进行冶炼,按照炉次计划和炉次调度,在足够形成浇次的情况下,按制订好的浇次计划,将钢水运往连铸工区进行浇铸作业,这一过程要考虑到板坯的情况。接着以轧制临排表(临时排次计划表)对板坯进行轧制,一般这个过程要经由板坯加热炉加热、粗轧、精轧,最后由卷取机卷取,打捆,成品入库。其炼钢-连铸-连轧生产一体化控制模型如图 2-8 所示。

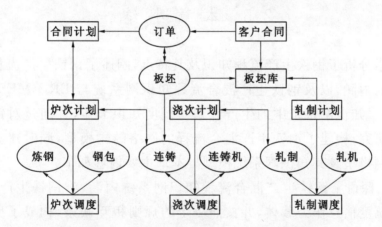

图 2-8 炼钢-连铸-连轧生产一体化控制模型

在实际生产过程中,炼钢、连铸、轧制工序间由于工艺技术及机器设备的差异,其在性质上完全不同,导致生产流程的一体化控制极为困难。因此必须通过合理的生产计划与调度,解决工序间的协调和衔接的"不同步"问题,使生产组织达到平衡。要想保证生产线按时、有序地进行,生产系统必须具备较强的抗干扰与迅速响应能力。图 2-9 为钢铁生产混合流程知识网系统模型。

将机组设备(转炉、精炼炉、连铸机、轧机等)及生产工艺以完整的知识点存储在系统知识库中,当订单信息与这些知识点共同作用于计划模块,计划模块才能依据这些事实作出响应并选择模型、求解。同时要考虑到外界其他因素对系统的影响,系统各模块间必须紧密联系、高度集成,才能实现对整个过程的智能管理。

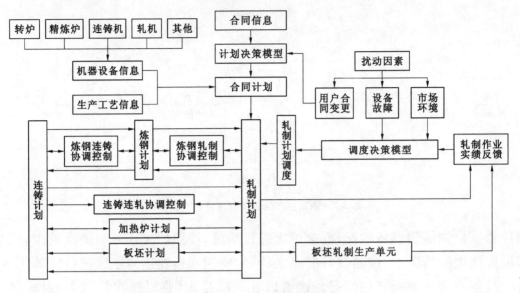

图 2-9　钢铁生产混合流程知识网系统模型

2.5　本章小结

本章探索分析了钢铁生产流程知识及其特点,阐述了钢铁生产流程知识网及其相关系统的内涵,以及钢铁生产混合流程知识网系统与 ERP/MES/PCS 之间的关系,研究了知识网系统中的生产计划与调度知识节点,并通过对钢铁生产流程中节点的研究,构建了钢铁生产混合流程的网络结构模型,同时建立了钢铁生产一体化控制模型及其知识网系统模型。本章主要内容如下:

(1) 深入探讨了钢铁生产混合流程知识网系统内涵,将钢铁生产流程知识、生产计划与调度信息作为载体,并按照一定的规则相互联系,构成了反映钢铁生产计划与调度知识的网络结构。

(2) 在分析钢铁生产过程的优化实质基础上,建立了钢铁生产一体化控制模型。通过探讨钢铁生产混合流程知识网系统与 ERP/MES/PCS 之间的关系,提出了系统中的生产计划与调度方案,并构建了数字化钢铁生产混合流程知识网系统模型。

本章虽然提出了数字化钢铁生产流程一体化控制及其知识网系统,但仍然存在一些不足。首先,系统的运行过程依然是趋于理想化的状态,但实际生产环境是极其复杂的;其次,模型约束条件也是经过简化之后所得,符合正常生产情况,但无法满足特殊生产情况。因此,后续还应对实际复杂问题进行考虑,例如:针对知识网系统中各个子系统的联系、集成的设计还有待提高与改进;对知识网系统体系的智能化、学习机制还应进行更深层次的研究;应更进一步研究约束条件、数学模型以及优化算法,使系统更加完善。

参 考 文 献

[1] 蒋国璋. 面向钢铁流程知识网系统的生产计划与调度模型及其优化研究[D]. 武汉:武汉科技大学, 2006.

[2] 史忠植.知识发现[M].2 版.北京:清华大学出版社,2011.

[3] 陈文伟,陈晟. 知识工程与知识管理[M]. 北京:清华大学出版社,2016.

[4] SCHREIBER G,AKKERMANS H,ANJEWIERDEN A,et al. Knowledge engineering and management[M]. Berlin:Springer Berlin Heidelberg,2012.

[5] JIANG G Z,LEI C W, LIU H H, et al. Planning and scheduling model of production process in iron and steel enterprise[J]. Computer Modelling and New Technologies, 2014,18(6):186-191.

[6] 轩华. 含串行批处理机的三阶段混合流水车间调度问题[J]. 计算机集成制造系统, 2012,18(5):1006-1010.

[7] GURMAN V I, RASINA I V. Discrete-continuous representations of impulsive processes in the controllable systems[J]. Automation and Remote Control, 2012, 73(8): 1290-1300.

[8] 赵贤聪,白皓,李宏煦,等. 钢铁生产过程富余煤气动态优化分配模型[J]. 工程科学学报, 2015,37(1):97-105.

3 数字化钢铁生产调度模型

3.1 数字化炼钢调度的模块化模型

炉次是炼钢过程中的最小单位,炉次是指同时在同一个炼钢炉内冶炼的合同板坯(合同板坯是指按用户协议生产的板坯)的集合。建立最优炉次的数学模型有以下约束条件:有多台炼钢炉参与生产且生产能力相同,合同板坯的量小于炉容量且合同板坯不可分解,炼钢炉满负荷运转,每炉合同板坯的总量等于炉容量。模块化的最优炉次的数学模型如下:

$$\min Z = \min f_1(x) + \min f_2(x) + \min f_3(x) \tag{3-1}$$

$$
\left.
\begin{aligned}
x &= X_{ij} \\
f_1(x) &= \sum_{i=1}^{N} \sum_{j=1}^{N} (P_{ij}^1 + P_{ij}^2 + P_{ij}^3) X_{ij} \\
f_2(x) &= \sum_{j=1}^{N} p_j Y_j \\
f_3(x) &= \sum_{i=1}^{N} (1 - X_{ij}) h_i
\end{aligned}
\right\} \tag{3-2}
$$

s. t.

$$\sum_{j=1}^{N} X_{ij} \leqslant 1 \quad i = 1, 2, \cdots, N \tag{3-3}$$

$$\sum_{j=1}^{N} X_{ij} = M \tag{3-4}$$

$$\sum_{j=1}^{N} g_i X_{ij} + Y_j = T \cdot X_{ij} \quad j = 1, 2, \cdots, N \tag{3-5}$$

$$Y_j \geqslant 0 \quad j = 1, 2, \cdots, N \tag{3-6}$$

式中　N——合同数;

　　　M——炉次数;

g_i——板坯 i 的重量;

T——炉容量;

$P_{ij}^1, P_{ij}^2, P_{ij}^3$——合同 i 合并到炉次 j 的板坯的规格、交货期与钢级差异引起的费用;

Y_j——炉次 j 的无委材的量;

p_j——炉次 j 无委材的附加费用系数;

h_i——合同 i 未被选中导致的惩罚费用的系数。

变量 $x = X_{ij}$,其含义为:

$$X_{ij} = \begin{cases} 1 & 合同\ i\ 被安排到炉次\ j\ 中 \\ 0 & 否则 \end{cases}$$

基于模块化表示的炼钢炉次模型的目标函数表达式(3-1)中 $\min f_1(x)$、$\min f_2(x)$、$\min f_3(x)$ 分别表示优化目标中的三个分量和的最小化。式(3-2)中的第一个式子表示调度问题的决策变量为 X_{ij},后三个式子分别表示组成炉次中的合同差异带来的费用、炼钢无委材费用和合同未选中费用三个决策目标分量。约束式(3-3)表示每个合同安排在一个炉次中。约束式(3-4)表示总炉次为 M。约束式(3-5)表示合同板坯总量等于炉容量。约束式(3-6)表示无委材的量非负。

3.2 数字化连铸调度的模块化模型

浇次是指在同一台连铸机上面连续浇铸的炉次的集合[1]。建立最优浇次模型有以下约束条件:有多台连铸机参与生产且生产能力相同,浇次已知,炉次全部被安排。模块化的最优浇次的数学模型如下:

$$\min Z = \min f_1(x) + \min f_2(x) \tag{3-7}$$

$$\left. \begin{aligned} x &= X_{ik} \\ f_1(x) &= \sum_{k=1}^{M} \sum_{j=1}^{L} \sum_{i=1}^{N} (P_{ij}^1 + P_{ij}^2 + P_{ij}^3) X_{ik} X_{ijk} \\ f_2(x) &= \sum_{k=1}^{M} Y_k S_k \end{aligned} \right\} \tag{3-8}$$

s.t.

$$\sum_{k=1}^{M} X_{ijk} = 1 \quad i = 1, 2, \cdots, N; j = 1, 2, \cdots, L \tag{3-9}$$

$$\sum_{i=1}^{N} X_{ijk} = T \quad j = 1, 2, \cdots, L; k = 1, 2, \cdots, M \tag{3-10}$$

式中 M——炉次数;

N——待安排的炉次数;

L——浇次数;

T——中间包能力;

$P_{ij}^1, P_{ij}^2, P_{ij}^3$——浇次 j 内炉次 i 与其紧邻炉次之间因钢级、宽度、交货期差异引起的附加费用系数;

Y_k——浇次 k 中连铸机调整时间惩罚系数;

S_k——浇次 k 中连铸机调整时间。

变量 $x = X_{ik}$,其含义为:

$$X_{ik} = \begin{cases} 1 & \text{炉次 } i \text{ 被安排到浇次 } k \text{ 中} \\ 0 & \text{否则} \end{cases}$$

基于模块化表示的连铸浇次模型的目标函数表达式(3-7)中 $f_1(x)$、$f_2(x)$ 分别表示的优化目标为式(3-8)中由组成一个浇次的炉次之间差异引起的费用和浇次内连铸机的调整费用。约束式(3-9)表示所有炉次被安排。约束式(3-10)表示一个浇次内的炉次完全使用中间包的能力。

3.3　数字化轧制调度的模块化模型

轧制单元是指从轧机更换工作辊开始至下次更换为止之间的轧制对象的集合[2]。钢铁企业通过工艺设计、合同规整将客户订单合同转化为生产合同,然后结合生产能力、工艺约束生成轧制单元计划。建立最优轧制单元的数学模型有以下约束条件:轧制单元数已知,所有合同被安排生产。模块化的轧制单元的数学模型如下:

$$\min Z = \min f(x) \tag{3-11}$$

$$\left. \begin{aligned} x &= X_{ij} \\ f(x) &= \sum_{j=1}^{M} \sum_{i=1}^{N} P_{ij} X_{ij} \end{aligned} \right\} \tag{3-12}$$

s. t.

$$\sum_{j=1}^{M} X_{ij} = 1 \quad i = 1, 2, \cdots, N \tag{3-13}$$

$$G_{\min} \leqslant \sum_{i=1}^{N} g_i X_{ij} \leqslant G_{\max} \quad j = 1, 2, \cdots, M \tag{3-14}$$

式中　M——炉次数;

N——轧制单元中的总板坯数;

P_{ij}——连轧机 j 上板坯 i 与后续板坯之间变化的惩罚费用系数;

g_i——板坯 i 的重量;

$G_{\max}$——轧制单元最大允许重量(即连轧机生产能力);

$G_{\min}$——轧制单元最小允许重量。

变量 $x = X_{ij}$，其含义为：

$$X_{ij} = \begin{cases} 1 & \text{合同板坯 } i \text{ 排入轧制单元 } j \\ 0 & \text{否则} \end{cases}$$

基于模块化表示的轧制单元模型的目标函数表达式(3-11)中 $f(x)$ 表示式(3-12)中的轧制单元中板坯变动引起的最小费用。约束式(3-13)表示板坯被全部安排。约束式(3-14)表示轧制单元板坯总重在一个合理区间内。

3.4　数字化钢铁生产调度的通用模型

钢铁生产是一个连续的过程，在生产实际中往往会需要对相邻的两个阶段或三个阶段的连续生产做出一体化的调度计划。跨阶段的协调调度问题会产生新的目标函数，如工序间等待时间最小化，消解机器冲突的整体优化[3]，平均/最大流程时间最小化等目标。其约束条件也会因为上下阶段的相互影响而发生变化，如工艺连续等约束。根据前文中对炼钢、连铸、轧制阶段调度问题的模块化建模过程，可总结出调度模型的一般规律。

（1）调度问题的优化目标

对炼钢、连铸、轧制三个阶段的炉次、浇次和轧制数学模型进行分析，将钢铁生产调度问题的目标归纳为合同间因素的差异最小化以及合同自身因素最小化[4-6]。

钢铁生产调度通用模型的优化目标一般可表示为：

$$\min Z = \begin{cases} \sum_{k=1}^{N} P_k z_k \\ \text{and/or} \\ \sum_{i=1}^{N} \sum_{j=1}^{N} P_{ij} z_{ij} \end{cases} \tag{3-15}$$

式中　N——合同总量；

　　　P_k——变量的权重，如对象 i 的惩罚系数或单位成本 $(k=1,2,\cdots,N)$；

　　　z_k——一个决策变量，如对象 i 的变化量 $(k=1,2,\cdots,N)$；

　　　P_{ij}——连轧机 j 上板坯 i 与后续板坯之间变化的惩罚费用系数；

　　　z_{ij}——连轧机 j 上板坯 i 的一个决策变量；

　　　Z——调度问题的期望，一般为各级别的变量与其权重乘积之和。

目标函数式(3-15)是期望的数学表达形式，钢铁生产调度问题的目标函数一般是由生产时间、成本费用或设备利用率等组成模块之和的最小期望值。

（2）约束条件

$$\sum_{k=1}^{N} a_{ik} z_k \geqslant b_i \quad i = 1,2,\cdots,N \tag{3-16}$$

$$\sum_{k=1}^{N} a_{ik} z_k = c_i \quad i = 1,2,\cdots,N \tag{3-17}$$

$$z_k \geqslant 0 \quad k = 1,2,\cdots,N \tag{3-18}$$

约束式（3-16）与式（3-17）分别为过程的不等式约束和等式约束模块，例如交货期约束、工件的规格约束、工序约束及资源约束等模块。约束式（3-18）表示实际系统中决策变量非负值。

（3）调度问题通用模型

其完整形式可表示为：

$$\begin{cases} \min Z = \sum_{k=1}^{N} P_k z_k \\ \text{s. t.} \\ \sum_{k=1}^{N} a_{ik} z_k \geqslant b_i \quad i = 1,2,\cdots,N \\ \sum_{k=1}^{N} a_{ik} z_k = c_i \quad i = 1,2,\cdots,N \\ z_k \geqslant 0 \quad k = 1,2,\cdots,N \end{cases}$$

或

$$\begin{cases} \min Z = \sum_{i=1}^{N} \sum_{j=1}^{N} P_{ij} z_{ij} \\ \text{s. t.} \\ \sum_{k=1}^{N} a_{ik} z_k \geqslant b_i \quad i = 1,2,\cdots,N \\ \sum_{k=1}^{N} a_{ik} z_k = c_i \quad i = 1,2,\cdots,N \\ z_k \geqslant 0 \quad k = 1,2,\cdots,N \end{cases}$$

或

$$\begin{cases} \min Z = \sum_{k=1}^{N} P_k z_k + \sum_{i=1}^{N} \sum_{j=1}^{N} P_{ij} z_{ij} \\ \text{s. t.} \\ \sum_{k=1}^{N} a_{ik} z_k \geqslant b_i \quad i = 1,2,\cdots,N \\ \sum_{k=1}^{N} a_{ik} z_k = c_i \quad i = 1,2,\cdots,N \\ z_k \geqslant 0 \quad k = 1,2,\cdots,N \end{cases}$$

3.5 本章小结

本章分析了钢铁生产工艺流程的特点及生产调度的主要内容。钢铁生产调度是指钢铁企业在实际生产中将合同订单转化为生产订单后,根据实际生产能力,制订各车间中机器生产的时间排程,使得订单能按时保质完成的过程。确立炼钢、连铸、轧制阶段的生产调度为主要研究内容,分别建立了三个阶段调度优化问题的模块化模型(组炉优化模型、组浇优化模型和轧制优化模型)。通过寻求各阶段模型的规律,建立钢铁生产调度问题的基础简化模型。

钢铁生产调度的建模是一个非常有价值的研究课题,也是一个非常有难度的研究方向。本章在该方向所做的工作仅仅是一些铺垫,还有很多的问题需要做更加深入全面的研究,主要包括:

(1)对钢铁生产调度模型的基本特性进行更深入的研究。本章没有对具体的钢铁生产调度模型信息描述进行展开研究。若深入研究调度模型的基本特征,能够更深入地表达模型所包含的全部知识。

(2)钢铁生产调度模型生成过程中可以运用多种方法。如启发式方法、人工智能方法等运用到模型生成过程中能极大地提高模型生成的效率,形成模型的智能化。

(3)完善模型的搜索、生成机制,实现模型的自动匹配与自动重构。优化模型知识的存储结构,可提高模型库系统的效率。

参 考 文 献

[1] 郑忠,龙建宇,高小强,等. 钢铁企业以计划调度为核心的生产运行控制技术现状与展望[J]. 计算机集成制造系统,2014,20(11):2660-2674.

[2] 董广静,李铁克,王柏琳,等. 考虑倒垛因素的轧制计划编制方法[J]. 控制与决策,2015,30(1):149-155.

[3] 贾树晋,李维刚,杜斌. 热轧轧制计划的多目标优化模型及算法[J]. 武汉科技大学学报,2015,38(1):16-22.

[4] XIONG H G, FAN H L, LI F, et al. Research on steady-state simulation in dynamic job shop scheduling problem[J]. Advances in Mechanical Engineering, 2015, 7(9): 1-11.

[5] JIANG G Z, LEI C W, LIU H H, et al. Planning and scheduling model of production process in iron and steel enterprise[J]. Computer Modelling & New Technologies, 2014, 18 (6): 186-191.

[6] JIANG G Z, KONG J Y, LI G F, et al. Multi-Stage production planning modeling of iron and steel enterprise based on genetic algorithm[J]. Key Engineering Materials, 2011, 460-461: 540-545.

4 基于遗传算法的数字化钢铁生产调度

4.1 引 言

遗传算法是由美国密歇根大学的 Holland 教授于 1969 年提出,后经 DeJong、Goldberg 等人归纳总结所形成的一类模拟进化算法。它是模拟自然界生物进化过程与机制求解极值问题的一类自组织、自适应人工智能技术,作为主要的软计算算法之一,具有较强的鲁棒性和通用优化能力,因此,被广泛地应用于各个领域,用来解决复杂的非线性和多维空间寻优问题。通过模拟生物进化的"优胜劣汰"过程,搜索最优解的方法叫作遗传算法(Genetic Algorithm,GA)。GA 具有编码容易、编码方式及搜索方法多样、搜索最优解高效的特点[1-2]。

对于钢铁一体化生产计划而言,由于其任何一个子计划的变量的种类多、变化范围大,而且其目标函数具有非线性、多目标的性质,因而增加了计算的难度,利用传统的精确算法很难在规定时间内计算出精确解[3-4]。GA 算法现如今已被应用于各种组合优化问题(如旅行商问题、流水作业问题、job-shop 问题),尽管不能有效减小搜索空间,但是由于其可以将种群分成多个子种群,子种群的并行搜索性能使其在较短的时间内搜索尽可能大的空间,最终得到最优解,因此本书主要使用 GA 算法解决一体化生产计划调度问题。

遗传算法是借鉴生物进化论,将要解决的问题模拟成一个生物进化的过程。通过复制、交叉、突变等操作产生下一代的解,并逐步淘汰掉适应度函数值低的解,增加适应度函数值高的解。这样进化 N 代后就很有可能会进化出适应度函数值很高的个体,以得到问题的最优解。

在遗传算法中,用染色体表示优化问题的解,通常由一维的串结构数据表示。遗传算法的处理对象是染色体,它也叫基因型个体,个体对环境的适应程度叫作适应度。适应度低的个体被淘汰,适应度高的个体被保留,并被选择进行相应的操作以产生新的个体。待交叉染色体中某一个分量的变化,叫作染色体的变异。

遗传算法包含两种数据的转换操作，一种是将问题的解向染色体转换，叫作编码；另一种是将个体向搜索空间转换，叫作译码。遗传算法的求解是从多个解开始，然后通过选择运算以产生新的解，该多个解的集合叫作一个种群，通常用 $p(t)$ 表示，t 表示迭代的次数，种群的规模用 N 表示。

遗传算法的杂交算子包括选择算子与交叉算子。

选择：遗传算法中的选择操作就是用来确定如何从父代群体中按某种方法选取一些优良个体遗传到下一代群体中的一种遗传运算，用来确定重组或交叉个体，以及被选个体将产生多少个子代个体。判断个体优良的准则是个体的适应度值，个体的适应度值越高，其被选择的机会就越大。一种常用的选择策略是"比例选择"，也就是个体被选中的概率与其适应度函数值成正比。假设群体的个体总数是 M，那么一个个体 X_i 被选中的概率为 $f(X_i)/[f(X_1)+f(X_2)+\cdots+f(X_n)]$。比例选择实现算法就是所谓的"轮盘赌算法"（Roulette Wheel Selection）。

交叉（Crossover）：遗传算法的交叉操作，是指对两个相互配对的染色体按某种方式相互交换其部分基因，从而形成两个新的个体，这一过程叫作重组或交叉。交叉的后代可能继承了上代的优良基因，后代可能比其父母一代更优秀；但也可能继承了不良基因而使后代更差，难以生存，直至被淘汰。因此能适应环境的后代则继续复制自己并将基因传给下一代，因此，新一代总是比其父母一代有更强的生存和复制能力。主要的交叉算子有单点交叉、两点交叉、多点交叉、均匀交叉和算术交叉。

变异（Mutation）：遗传算法中的变异运算，是指将个体染色体编码串中的某些基因座上的基因用该基因座上的其他等位基因来替换，从而形成新的个体，这个过程称为变异。变异发生的概率记为 P_m。变异的目的是维持群体的多样性，为杂交过程中可能丢失的某些基因进行补充和修复。主要的变异方法有位点变异、逆转变异、插入变异、互换变异和移动变异。

4.2 炼钢生产调度问题的遗传算法

4.2.1 炼钢生产调度问题中的算法设计

在算法初始时进行模型转换及约束处理，根据生产工艺制程（即制造规程）生成初始化模型及相关参数初始化模型，并施加相关约束。对生产订单进行编码，每个个体中包含表示订单、重量、拆分标识等信息的基因。设定种群数量为 50，随机生成初始个体 100 个，通过计算其适应度值来选出较优的 50 个个体作为初始种群。由于编制生产计划时订单数量的不确定性,在此为使计算简化,直接将模型中的目标函数转化为适应度函数。该目标函数为最小化问题,设定适应度函数为:

$$\text{fit}(h) = \begin{cases} c_{\max} - J(h) & c_{\max} \geqslant J(h) \\ 0 & c_{\max} < J(h) \end{cases} \tag{4-1}$$

"选择"操作采用适应度比例方法,即轮盘赌选择法,且为了避免轮盘赌选择法容易引起的早熟收敛和搜索迟钝问题,在此采用有条件的最优保留策略进行辅助。对于交叉操作,使用由 Reeves 提出的专门为调度问题设计的改进型单点交叉算子和部分映射交叉算子[5-6]。为了满足生产计划调度的实际需要,即保证订单的唯一性,改进型单点交叉流程在进行了传统单点交叉操作之后,还需要进行对非交换位置基因的变换操作,如下文所示,A1、A2 两个父代个体经过改进型单点交叉产生后代 B1、B2。部分映射交叉方法的基本思想为:在两个父代个体中随机选取两个不同的位置,将这两个位置间的变迁基因进行交换,同时将非交换位置上的部分变迁基因的位置也进行适当改变,确保个体中的变迁具有唯一性[7-8]。

A1:（1　2　3　4　5｜6　7　8　9）

A2:（9　7　5　3　1｜8　6　4　2）

交叉为:

B1:（1　3　5　7　9｜8　6　4　2）

B2:（5　3　1　4　2｜6　7　8　9）

如下文所示,根据变换位置的对应关系得出非交换位置的交叉映射关系为:1 对 5,4 对 7,2 对 9,6 对 8,即非交换位置上的基因 1 变更为 5,5 变更为 1,以此类推。

B1:（1　3　5　7　9｜8　6　4　2）

B2:（5　3　1　4　2｜6　7　8　9）

交叉为:

C1:（5　3　1　4　2｜6　7　8　9）

C2:（1　3　5　7　9｜8　4　6　2）

而对于变异操作,使用同样由 Reeves 提出的 SHIFT 变异算子,其已经被证实是面向调度问题的遗传算法中最有效的变异算子之一。SHIFT 变异算子的基本思想为:在染色体个体中随机地选取两个不同的位置,然后逆序排列这两个位置之间的基因。如下文所示。

D:（1　3　5｜7　9　8　6｜4　2）

E:（1　3　5｜6　8　9　7｜4　2）

4.2.2 实例仿真

(1) 问题描述

表 4-1 所示为某轧制计划模型基本参数,生产调度人员根据该基本参数和轧制计划约束条件数据,编制相关的轧制计划。调用模型基本参数和约束条件数据,编制尽量符合实际生产要求的轧制计划。如表 4-1 所示,某日某厂接收到包括 Q235A、Q235B 等钢种在内的 5 种钢材总计 457 块板坯,根据板坯表面等级可知轧制单元公里数限制(60 km)要求,拟定生成 6 个轧制单元。

表 4-1 轧制计划模型基本参数

钢种	板坯数	板坯宽度(cm)	板坯厚度(cm)	硬度等级
Q235A	100	95~105	0.28~0.4	21
Q235B	178	100~110	0.3~0.35	21
DX51D+Z	109	93~110	0.275~0.3	11
St12	39	100~107.5	0.28~0.31	11
St13	31	90~108	0.3~0.45	11

(2) MATLAB 程序实现

```
clear all;
clc;
order=[1 2 1 3 2];      %5 个订单的类型,1 是方钢,2 是圆钢,3 是槽钢
pNumber=5;      %订单总数
t=1/12;      %每次更换轧辊时间
NIND=500;
MAXGEN=2000;
GGAP=0.9;      %代沟(Generation Gap)
XOVR=0.8;      %交叉率
MUTR=0.45;      %变异率
gen=0;      %代计数器
a=0;
b=0;
c=0;
trace=zeros(2,MAXGEN);      %寻优结果的初始值
%计算正常工作时间
WNumber=12;
```

```
%
Chrom=zeros(NIND,WNumber);
T=zeros(NIND,WNumber);
for j=1:1:NIND
 for i=1:1:3
     Chrom(j,i)=Chrom(j,i)+1;
end
for i=4:1:5
     Chrom(j,i)=Chrom(j,i)+2;
   end
for i=6:1:8
     Chrom(j,i)=Chrom(j,i)+3;
   end
for i=9
     Chrom(j,i)=Chrom(j,i)+4;
   end
for i=10:1:12
     Chrom(j,i)=Chrom(j,i)+5;
 end
end
for i=1:1:NIND
T=Chrom(i,:);
T=T(randperm(numel(T)));
Chrom(i,:)=T;
end
sx=zeros(NIND,1);
ObjV=calc(Chrom,WNumber,NIND,sx);
while gen<MAXGEN
    FitnV=ranking(ObjV);        %分配适应度值(Assign Fitness Values)
    SelCh=select('sus'Chrom,FitnV);        %选择
    SelCh=xov(SelCh,NIND,WNumber,XOVR);        %交叉
    SelCh=aberrance(SelCh,NIND,MUTR,WNumber);        %变异
    ObjVSel=calc(SelCh,WNumber,NIND,sx);        %计算目标函数值
```

```
        [Chrom ObjV]=reins(Chrom，SelCh,1，1，ObjV，ObjVSel);        %重插
入子代的新种群
        ObjVl=calc(Chrom，WNumber，NIND,sx);        %计算目标函数值
        gen=gen+1;        %代计数器增加
        trace(1,gen)=min(ObjV);        %遗传算法性能跟踪
        trace(2,gen)=sum(ObjV)/length(ObjV);
end
[Y,I]=min(ObjV);
subplot(211);
plot(Chrom(I,:));
hold on;
plot(Chrom(I,:),'.');
grid;
subplot(212);
plot(trace(1,:));
hold on;
plot(trace(2,:),'r');
grid on;
legend('解的变化','种群均值的变化')
figure(2);
n_makespan=160;        %makespan
n_bay_nb=WNumber;        %total bays
n_task_nb=WNumber;        %total tasks
n_start_time=Chrom(I,:);        %start time of every task
n_duration_time=zeros(1,WNumber)+1;        %duration time of every task
n_bay_start=Chrom(I,:);        %bay id of every task
rec=[0,0,0,0];        %temp data space for every rectangle
for i=1:n_task_nb
  rec(1)=i;
  rec(2)=n_bay_start(i);
  rec(3)=n_duration_time(i);
  rec(4)=1;
    rectangle('Position',rec,'LineWidth',0.5,'LineStyle','-','FaceColor','g');
```

```
%draw every rectangle
    text((i+n_duration_time(i)/3),(n_bay_start(i)+0.3),['t',int2str(Chrom
(I,i))]);      %label the id of every task
end
set(gca,'YTick',1:1:5);      %使 Y 轴只显示 1,2,3,4,5
set(gca,'YTickLabel',{'1','2','3','4','5'});
grid on;
xlabel('生产时间/天');
ylabel('热轧订单编号');
title('热轧车间生产计划')
```

（3）结果分析

轧制计划结果如图 4-1 所示，可以看出每个轧制单元的板坯宽度均符合"乌龟壳形"要求。图 4-2 为各个轧制单元的板坯数目，由图可知 6 个轧制单元的板坯数目分别为 75、75、76、77、77、77，经过计算其轧制单元的总长度均小于 60 km，符合要求。

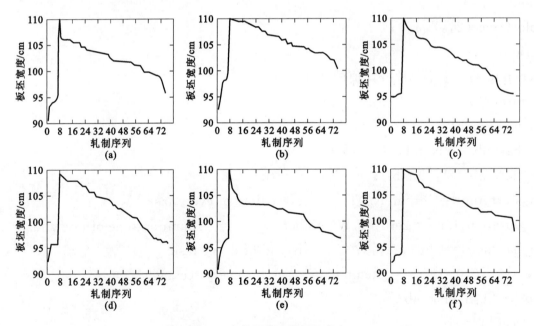

图 4-1　各轧制单元的板坯宽度

(a) 1 号轧制单元；(b) 2 号轧制单元；(c) 3 号轧制单元；
(d) 4 号轧制单元；(e) 5 号轧制单元；(f) 6 号轧制单元

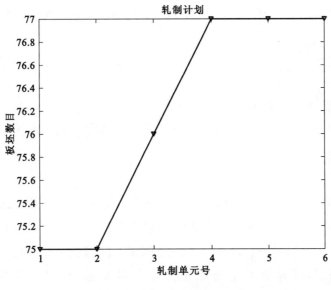

图 4-2　各轧制单元的板坯数

4.3　钢铁合同计划调度问题的 PSO-GA 混合算法

4.3.1　钢铁合同计划调度问题的算法设计

设种群的进化代数(也称为迭代次数)为 $MAXGEN$,当进化到第 n 代时,种群 $\prod_n = \{X_1^n, X_2^n, \cdots, X_i^n, \cdots, X_N^n\}$,其中 $1 \leqslant i \leqslant N$,$N$ 为种群规模;$X_i^n = \{x_{i1}^n, x_{i2}^n, \cdots, x_{ij}^n, \cdots, x_{iM}^n\}$,其中 M 为总的合同工序编号最大值,X_i^n 代表种群中第 i 个个体,x_i^n 代表第 n 代时第 i 段时间工序编号,且其编码符合合同计划模型的约束条件。对于任意的 $1 \leqslant a < b \leqslant M$,$x_{ia}^n \neq x_{ib}^n$。对于所有 X_i^n 组成的子种群 Ω,相邻子种群须采用部分重复策略,这个重复的部分必须占两个子种群很少一部分,设这个比例为 α,则其取值规定为 $0 < \alpha < 0.1$,取 $\alpha = 0.096$。

带有重复的种群分割策略,一方面可以保持相邻子种群之间具有联系性,每个子种群不是孤立的存在;另一方面可以保持种群的多样性,避免局部收敛。

通过 PSO 的粒子更新公式对 GA 的变异算子进行改进和重构,通过搜索当前计算的全局最优解以及子种群最优解的位置,使得个体朝最优解方向移动;通过调整个体移动的速度,进而调整变异的强度。

基于 PSO 的变异算子的设计过程如下:用 x_i^n(第 n 次迭代运算中第 i 个个体所在的位置)代替 PSO 算法中的 x_{id},用第 i 位目标函数迄今最优 $f_{i\min}$ 对应的 $X_{i\min}$ 代替 PSO 算法中的 P_{id}(个体最优),用子种群的目标函数迄今最优 $f_{j\min}$(j 为该个体在子种群中的位置)对应的 $X_{j\min}$ 代替 P_{gd}(全局最优),用 $X_{i\min}$ 的累计差

的算术平均 $\Delta X_{i\min}$ 来代替 V_{id}。其中 $X_{i\min}$ 的累计差 $\Delta X^i_{\max,t}$ 由式（4-2）求得：

$$\Delta X^i_{\max,t} = \frac{\sum\limits_{k=2}^{t}(\Delta X^t_{\max,k} - \Delta X^t_{\max,k-1})}{t} = \Delta X^i_{\max,t-1} + \frac{X^i_{\max,t} - X^i_{\max,t-1}}{t} \quad (4-2)$$

则基于 PSO 的变异算子公式为：

$$\left.\begin{array}{l} \Delta X^i_{\max,t+1} = G(S) \cdot \Delta X^i_{\max,t} + c_1 \cdot r_1 \cdot (X^i_{\max} - X^i_t) + c_2 \cdot r_2 \cdot (XX^i_{\max} - X^i_t) \\ X^i_{t+1} = X^i_t + \Delta X^i_{\max,t+1} \end{array}\right\}$$

$$(4-3)$$

式（4-3）的第 1 个式子通过惯性系数 $G(S)$，常数 c_1、c_2，随机数 r_1、r_2，以及信息反馈 $X^i_{\max}$、$XX^i_{\max}$ 决定了变异的方向和强度；第 2 个式子即为具体的个体变异运算。设定 $c_1 = c_2 = 1$，r_1、r_2 为在 $[0,1]$ 之间的随机数。随着在变异之前的变异方向和强度的确定，变异算子不再像往常那样具有随机性，而是根据具体环境的不同而改变自身变异方向和强度，使得个体更加适应环境。而 $G(S)$ 为第 S 次迭代运算时的惯性系数。由于较大的惯性系数可以增加全局搜索能力，较小的可以增加局部搜索能力，因此可以设置一个动态惯性系数，即先设置一个较大的惯性系数，然后随着迭代次数的增加，惯性系数逐渐递减，其计算公式如下：

$$G(S) = 0.8 - \frac{S}{MAXGEN} \times 0.5 \quad (4-4)$$

当个体的颗粒值 $X^n_{ij} < X^n_{ij\min}$，则取 $X^n_{ij} = X^n_{ij\min}$；当 $X^n_{ij} > X^n_{ij\max}$，则取 $X^n_{ij} = X^n_{ij\max}$。并且所有的 X^n_{ij} 均要取整。

4.3.2 实例分析

（1）问题描述

假设某钢厂一个月内接收 10 个合同，每个合同的合同信息如表 4-2 所示。每个合同的生产工艺各异，主要有炼钢-连铸、轧制、精整，详细信息如表 4-3 所示。将一个月分成 6 个时段，每个时段为 5 d。每个时段的三个工序的设备产能信息不一，对编制合同计划造成约束，产能信息如表 4-4 所示。

表 4-2 合同计划的合同信息

合同信息 合同编号	产品信息			交货期		合同优先级
	产品名称	订货量(t)	产品代号	交货期上限	交货期下限	优先级别
1	合金结构钢	270	A24303	1	1	5
2	轴承钢	200	B00150	1	2	5
3	低合金钢	230	L03451	2	2	4
4	轴承钢	200	B00150	3	4	4

续表 4-2

合同信息 合同编号	产品信息			交货期		合同优先级
	产品名称	订货量(t)	产品代号	交货期上限	交货期下限	优先级别
5	低合金钢	200	L03451	4	4	3
6	轴承钢	220	B00150	4	5	4
7	低合金钢	240	L03451	5	6	5
8	合金结构钢	230	A24303	5	5	4
9	轴承钢	240	B00150	5	6	2
10	合金结构钢	250	A24303	6	6	1

注:优先级别从1到5依次变高。交货期上限、下限中的数字1~6指一个月内第1~6个时段。

表 4-3　合同计划的工序信息

合同编号	生产工序信息		
	炼钢-连铸	轧制	精整
1	×	×	—
2	—	—	—
3	×	—	—
4	—	—	—
5	—	×	×
6	—	—	—
7	×	—	—
8	—	—	×
9	×	—	—
10	—	—	×

注:"×"指不经过该工序;"—"指经过该工序。

表 4-4　合同计划的各时段相应工序的设备产能信息

时段 工序	炼钢-连铸	轧制	精整
1	400	390	380
2	450	390	450
3	420	400	380
4	420	380	370
5	450	390	270
6	460	420	400

（2）MATLAB 程序实现

```matlab
clear all;
clc;
tic;
[NUM,TXT,RAW]=xlsread('合同计划的合同信息');
[t1,n1]=size(NUM);
N=NUM(t1,1);        %计算合同数
RANGE=[1;6];        %变量范围
Process=xlsread('合同计划的产品工艺信息');        %记录工序信息
Process1=Process(:,2:4);
%Process1=
%[0       0       1
%2        3       4
%0        5       6
%7        8       9
%10       0       0
%11       12      13
%0        14      15
%16       17      0
%0        18      19
%20       21      0];
%
WNumber=max(max(Process1));        %拆分后的合同数 WNumber =21
J=3;        %工序数
T=6;        %计划期
k=1;
for i=1:1:t1
    for j=1:1:J
      if Process1(i,j)>0
        Q(k)=NUM(i,3);        %Q 表示 10 个合同中每个合同的订货量
        k=k+1;
      end
    end
end
```

```
%Q =270   200   200   200   230   230   200   200   200   200   220   220   220
   240   240      230   230   240   240   250   250
[aa,bb]=find(Process1>0);
AA=[aa,bb];
AA=sortrows(AA,1);
Ql=zeros(WNumber,J);
k=1;
for i=1:1:WNumber
Ql(k,AA(i,2))=Q(k);        %10 个合同拆分成 21 个合同后每个合同的订货量
k=k+1;
end
%Ql =
%      0     0    270
%    200     0      0
%      0   200      0
%      0     0    200
%      0   230      0
%      0     0    230
%    200     0      0
%      0   200      0
%      0     0    200
%    200     0      0
%    220     0      0
%      0   220      0
%      0     0    220
%      0   240      0
%      0     0    240
%    230     0      0
%      0   230      0
%      0   240      0
%      0     0    240
%    250     0      0
%      0   250      0
```

```
Capability=xlsread('合同计划的企业设备工序时段产能信息');      %记录每段
工序的产能信息
C=Capability(:,2:4);      %6个时段3个工序的设备产能信息
%C=
%[400   390   380
%450   390   450
%420   400   380
%420   380   370
%450   390   270
%460   420   400];


alf=5;      %合同单位提前惩罚系数
beta=8;      %合同单位拖期惩罚系数


k=1;
for i=1:1:t1
    for j=1:1:J
        if Process1(i,j)>0
            a(k)=NUM(i,5);      %交货期上限a=[1 1 1 1 2 2 3 3 3 4 4 4 4 5
5 5 5 5 6 6];
            k=k+1;
        end
    end
end
k=1;
for i=1:1:t1
    for j=1:1:J
        if Process1(i,j)>0
            b(k)=NUM(i,6);      %交货期下限b=[1 2 2 2 2 2 4 4 4 4 5 5 5 6 6 5 5
6 6 6];
            k=k+1;
        end
    end
end
```

```
c＝Process1；
c(c～＝0)＝1；     %生产工艺信息 c＝[0 0 1；1 1 1；0 1 1；1 1 1；1 0 0；1 1 1；0 1 1；
1 1 0；0 1 1；1 1 0]


k＝1；
for i＝1:1:t1
  for j＝1:1:J
    if Process1(i,j)＞0
        prio(k)＝NUM(i,7)；       %合同优先级信息 prio＝[5 5 5 5 4 4 4 4 4 3
4 4 4 5 5 4 4 2 2 1 1]
      k＝k+1；
    end
  end
end


Message＝Process1；     %工艺代号所属的合同信息(已解决)
%Message＝
%   [0   0   1；
%    2   3   4；
%    0   5   6；
%    7   8   9；
%   10   0   0；
%   11  12  13；
%   14  15   0；
%   16  17   0；
%   18  19   0；
%   20  21   0]；     %工艺代号所属的合同信息(已解决)
%
MAXGEN＝3000；
NIND＝100；     %个体数目
GGAP＝0.9；     %代沟(Generation Gap)
XOVR＝0.8；     %交叉率
XOV_F＝'xovmp'；     %重组函数
MUT_F＝'mutbga'；     %变异函数名
```

```
MUTR=1/WNumber;        %变异率
INSR=0.9;        %插入率
MIGGEN=10;        %每 20 代迁移个体
SUBPOP=1;        %子种群数目
MIGR=0.2;        %迁移率
FieldDD=rep(RANGE,[1,WNumber]);

%初始种群的产生
n11=WNumber/T;
n11=fix(n11)+1;
ChromG=zeros(NIND,n11*T);        %初始种群最初个体
Chrom=zeros(NIND,WNumber);        %初始种群最终个体
for k=1:1:n11
for i=1:NIND
A=randperm(T);
for j=((k-1)*T+1):1:k*T
ChromG(i,j)=A(1,j-(k-1)*T);
end
end
end
for i=1:1:NIND
for j=1:1:WNumber
Chrom(i,j)=ChromG(i,j);
end
end


for i=1:1:NIND
        V(i,:)=rands(1,WNumber);        %初始化粒子群算法更新速度
end


gen=0;        %代计数器
trace=zeros(2,MAXGEN);        %寻优结果的初始值
ObjV=calc(Chrom,a,b,Q,Ql,alf,beta,C);        %计算总的费用
```

%%迭代遗传算子

```
while gen<MAXGEN
FitnV=ranking(ObjV,[2,0],SUBPOP);        %分配适应度值(Assign Fitness
Values)
SelCh=select('sus',Chrom,FitnV,GGAP,SUBPOP);        %选择
SelCh=recombin(XOV_F,SelCh,XOVR,SUBPOP);        %重组
%SelCh=aberrance(SelCh,NIND*GGAP,MUTR,WNumber);        %变异
```

%%找最好的染色体

```
ObjV1=calc(SelCh,a,b,Q,Ql,alf,beta,C);        %计算总的费用
fitness=ObjV1;
[bestfitness bestindex] = min(fitness);
zbest = Chrom(bestindex,:);        %全局最佳
gbest = Chrom;        %个体最佳
fitnessgbest = fitness;        %个体最佳适应度值
fitnesszbest = bestfitness;        %全局最佳适应度值
```

%%

```
c1 = 1;
c2 = 1;


Vmax = 1;
Vmin = -1;
popmax = 6;
popmin = 1;
[NIND1,XX]=size(SelCh);
W(gen+1)=0.9-0.5*(gen/MAXGEN);
```

%%迭代寻优

```
    for j = 1:1:NIND1


        %速度更新
        V(j,:) = W(gen+1)*V(j,:) + c1*rand*(gbest(j,:)-SelCh
(j,:)) + c2*rand*(zbest-SelCh(j,:));
```

```
V(j,find(V(j,:)>Vmax)) = Vmax;
V(j,find(V(j,:)<Vmin)) = Vmin;

%种群更新
SelCh(j,:) = SelCh(j,:) + V(j,:);
SelCh(j,:)＝fix(SelCh(j,:));
SelCh(j,find(SelCh(j,:)>popmax)) = popmax;
SelCh(j,find(SelCh(j,:)<popmin)) = popmin;

%自适应变异
if rand > 0.8
    k = ceil(2 * rand);
    SelCh(j,k) = rand;
end

%适应度值
ObjV1＝calc(SelCh,a,b,Q,Ql,alf,beta,C);
fitness(j)＝ObjV1(j);
end

%个体最优更新
if fitness(j) < fitnessgbest(j)
    gbest(j,:) = SelCh(j,:);
    fitnessgbest(j) = fitness(j);
end

%群体最优更新
if fitness(j) < fitnesszbest
    zbest = SelCh(j,:);
    fitnesszbest = fitness(j);
end

yy(gen+1) = fitnesszbest;
mm(gen+1,:) = zbest;
```

```
%SelCh=by(SelCh,MAXGEN,gbest,zbest,fitness,fitnessgbest,fitnesszbest,
V,a,b,Q,Ql,alf,beta,C);        %粒子群变异算子
%%
ObjVSel=calc(SelCh,a,b,Q,Ql,alf,beta,C);        %计算总的费用
%Chrom=reins(Chrom,SelCh);
[Chrom,ObjV]=reins(Chrom,SelCh,SUBPOP,[1 INSR],ObjV,ObjVSel);
                                               %重插入子代的新种群
ObjV=calc(Chrom,a,b,Q,Ql,alf,beta,C);        %计算总的费用
gen=gen+1;        %代计数器增加
trace(1,gen)=min(ObjV);        %遗传算法性能跟踪
trace(2,gen)=sum(ObjV)/length(ObjV);
if (rem(gen,MIGGEN)==0)
[Chrom,Objv]=migrate(Chrom,SUBPOP,[MIGR,1,1],ObjV);
end
end

[Y,I]=min(ObjV);
figure(1);
subplot(211);
plot(Chrom(I,:));
hold on;
plot(Chrom(I,:),'.');
grid;
xlabel('合同工序代号');
ylabel('生产时间段');
subplot(212);
plot(trace(1,:));
hold on;
plot(trace(2,:),'r');
grid on;
legend('解的变化','种群均值的变化')
Y
```

```
for i=1:1:T        %筛选合同
    if Y>0
    y=Delasd(Chrom,I,prio,Ql,NIND,C);
    Chrom(I,:)=y;
    Y(I,1)=calSel(Chrom,I,prio,Ql,NIND,C);
    end
end
figure(2);
plot(Chrom(I,:));
hold on;
plot(Chrom(I,:),'.');
grid;
xlabel('合同工序代号');
ylabel('生产时间段');

hetong=zeros(10,3);
[AA1,AA2]=size(AA);
j=1;
for i=1:1:AA1
hetong(AA(i,1),AA(i,2))=Chrom(I,j);
j=j+1;
end
hetong

hetong=5*hetong-5;
for i=1:1:3
    hetong(:,i)=hetong(:,i)+i;
end
[e,f]=find(hetong>0);
a=[e,f];
a=a';
[a1,b1]=size(a);
figure(3);
for i =1:b1
```

```
rec(1)＝hetong(a(1,i),a(2,i));
rec(2) = a(1,i);        %表示矩形在哪一层
rec(3) = 1;        %表示每个矩形的宽度
rec(4) = 0.7;        %甘特图中每个矩形高为0.5
rectangle('Position',rec,'LineWidth',0.1,'LineStyle','－','FaceColor','g'
);        %draw every rectangle
text((hetong(a(1,i),a(2,i))＋1/6),(a(1,i)＋0.3),['C',int2str(a(1,i)),
int2str(a(2,i))]);        %label the id of every task
end
set(gca,'YTick',1:1:10);        %使Y轴只显示1,2,3,4,5
set(gca,'YTickLabel',{'1','2','3','4','5','6','7','8','9','10'});
xlabel('生产时间/天');
ylabel('合同编号');
title('4月钢铁合同计划');
grid;
xlswrite('合同计划结果.xls',hetong);        %将合同计划写入表格中
t＝toc;
```

（3）结果分析

分别利用 GA 算法与 PSO-GA 混合算法编制合同计划,设最大迭代次数 $MAXGEN＝500$;设定合同单位提前惩罚系数 $\alpha＝5$;合同单位拖期惩罚系数 $\beta＝8$;热装比惩罚系数 $\chi＝3$;产能惩罚系数 $\delta＝150$;合同取消惩罚系数 $\phi＝100$。实验结果如表 4-5 所示。PSO-GA 算法合同计划最优解变化如图 4-3 所示(图中曲线显示的是解的变化,当适应度的倒数趋向 0 的时候才是最优解)。

表 4-5　GA 算法与 PSO-GA 算法合同计划仿真实验结果对比

算法	最早收敛迭代次数	平均目标函数值	最优目标函数值
GA	101	279	250
PSO-GA	84	265	250

所采用的合同量经过一定的迭代次数后,都得到了最优解,目标函数均为 250。但是从表 4-5 可以看出,PSO-GA 算法比 GA 算法更早收敛,而且运算性能更加稳定。因此,当合同量足够大(如有几百个合同订单)时,应该选择PSO-GA 算法编制合同计划。

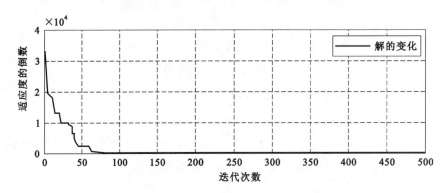

图 4-3　PSO-GA 算法合同计划最优解变化

4.4　本章小结

　　本章介绍了遗传算法的原理及其发展,分析了遗传算法应用于钢铁生产调度的合理性,分别应用 GA 算法和 PSO-GA 混合算法解决数字化钢铁生产调度问题中炼钢阶段的调度问题和合同计划调度问题。同时,通过 MATLAB 分别对两个问题进行了相应的算法设计,并通过与实例仿真运算结果的对比,证明了 PSO-GA 算法比一般的 GA 算法收敛更早,运算性能更加稳定,当样本数量足够大时,应首选 PSO-GA 算法。

　　近些年来,通过组合算法解决钢铁生产调度问题的研究已成为钢铁调度问题重要的研究方向。本章仅对 PSO-GA 混合算法这一种混合算法与遗传算法进行了比较,但针对钢铁调度问题,如何通过多种算法之间对比来得到最优化的算法,还需要今后更加深入地研究。

参 考 文 献

[1] 马永杰,云文霞. 遗传算法研究进展[J]. 计算机应用研究,2012,4:1201-1206,1210.

[2] 蒋国璋,孔建益,李公法,等. 钢铁企业产品线综合生产计划模型研究[J]. 武汉科技大学学报:自然科学版,2006,29(6):580-582.

[3] 周梦杰,蒋国璋. 面向对象混合知识表示方法在钢铁一体化生产中的应用[J]. 现代制造工程,2016(7):30-34.

[4] 周梦杰. 钢铁一体化生产智能调度及其知识库系统的研究[D]. 武汉:武汉科技大学,2016.

[5] BANZHAF W, REEVES C. Foundations of genetic algorithms[M]. Berlin:Springer Berlin Heidelberg,2005.

［6］蒋国璋，孔建益，李公法，等. 基于遗传算法的钢铁产品生产计划模型研究［J］. 机械设计与制造，2007(5)：204-206.

［7］蒋国璋，孔建益，李公法，等. 面向 ISPKN 钢铁流程生产计划与调度系统研究［J］. 武汉科技大学学报，2008，31(1)：59-63.

［8］JIANG G Z, KONG J Y, LI G F, et al. Combining production planning model of product line based on genetic algorithm［J］. Applied Mechanics & Materials，2010，29-32(6)：940-946.

5 钢铁一体化生产计划与智能调度算法

5.1 引　言

　　研究钢铁一体化生产计划及其智能调度算法,通常基于某一种智能算法或者混合算法进行算法结构的改进,经过数次迭代运算得到满足约束条件下的生产计划可行解。此种算法设计很少考虑模型规则知识的作用,使得最终的可行解只是次优解[1]。通过研究钢铁一体化生产计划的模型规则知识的特征,提出基于模型规则知识的智能调度算法的聚类算子,对生产计划初始解按照钢级、板坯宽度等条件进行聚类处理,则可以使得初始解朝着最优解方向进行移动,最终得到最优解。

　　钢铁一体化生产计划是根据合同订单参数、炼钢-连铸-轧制工序要求以及设备产能要求,实现各工序之间物流平衡和时间平衡,以及最大化热装比、最小化生产成本,最大化产能利用率、最小化产品残次率,最大化能源利用率、最小化交货延迟率的目标。钢铁一体化生产计划是根据合同订单数据编制合同计划,根据合同计划编制批量计划,合同计划与批量计划是密切衔接的[2]。其中各计划的作用如表 5-1 所示。

表 5-1　一体化生产计划分类及其作用

计划名称		作用
合同计划		在满足订单的交货期、设备的产能约束条件的前提下,安排合同的每道工序的生产时间段,提高准时交货率,降低生产成本
批量计划	组炉计划	根据合同计划,在钢级相同、板坯宽度相同、板坯厚度相同的前提下,使得组成同一炉次的板坯规格差异、交货期差异以及无委材的量最小
	组浇计划	根据组炉计划,在满足浇次工艺、连铸机产能约束条件的前提下,确定多台浇次在多台连铸机上的浇铸顺序,使得连铸的生产成本最低
	轧制计划	根据组浇计划产生的板坯实际要求轧制的板坯规格和交货期来确定轧制单元的组成以及轧制顺序,从而保证产品的质量最优,轧辊的磨损最少,轧制的生产成本最低

5.2 面向订单的数字化钢铁一体化生产计划分析

现代钢铁企业为了迅速响应市场,增加企业竞争力和产品市场占有率,采取面向订单生产计划和管理模式(Make to Order,MTO)[3-4]。而 MTO 的生产计划与管理模式不仅要满足产能约束,提高设备利用率,实现智能调度,还要满足交货准时、成本小、质量高、客户满意的要求,最终使得企业持续、高效、稳定运营。在 MTO 管理体制下,一体化生产计划系统结构如图 5-1 所示。当销售部接收到合同订单后,会根据工序约束、产品参数以及粗能力计划,将符合条件的合同订单下发到生产工艺质量相关部门。部门中的工艺工程师和质量工程师会根据产品的属性对合同进行分类,并对不同的合同订单进行不同的加工路径设计和质量设计。加工路径设计是根据合同订单的要求、车间设备参数、工艺约束,选择一条生产周期短、生产成本小、产能允许的最优化加工路径。质量设计是根据选择的工艺路径,制定产品在生产中各个工序的中间产品和成品的质量标准,确保产品的质量参数符合合同要求。经过加工路径设计和质量设计后的合同订单会下发到生产计划与调度部,生产计划与调度部会根据产能预测以及加工路径和质量要求,编制合同计划。不同产品的加工路径不同,依据合同计划和产能约束编制批量计划(包括组炉计划、组浇计划以及轧制计划)。一般在编制组炉计划后,再根据组炉计划编制组浇计划。组炉计划和组浇计划形成炼钢计划,根据炼钢计划会形成不同的板坯,最终根据具体的板坯实绩编制轧制计划。

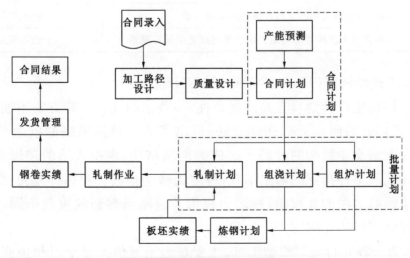

图 5-1 一体化生产计划系统结构图

5.3　数字化生产计划调度问题的研究方法

随着运筹学、计算机、人工智能、知识工程等技术的发展,钢铁生产计划调度问题的研究方法有了质的飞跃,主要有以下 6 种方法:

(1) 数学规划(Mathematical Programming)方法

数学规划是运筹学中重要的求解问题最优解的工具,在钢铁行业中,常用于解决基于多变量的生产计划与调度模型问题。一般根据生产计划的目标函数和约束条件属性的不同,采用整数规划、动态规划等不同的数学规划方法来解决生产调度中生产计划的最优化问题,如表 5-2 所示。

另外,整数规划中的拉氏松弛法由于能在相对短的时间内计算出较优性能的次优解,并且还能对解进行评价,被学者大量运用于解决参数多、数据量大的生产计划问题。数学规划方法虽然能够适用于解决大部分的生产调度问题,但是很难解决大规模参数调度问题,因此通常将数学规划方法与其他智能算法结合起来使用[5]。由于本书提出的一体化生产计划问题面向大量订单,属于大规模参数调度问题,因此不适合利用数学规划方法解决。

表 5-2　常见的数学规划方法

目标函数和约束函数属性	数学规划方法
目标、约束函数都为线性函数	线性规划
目标、约束函数都为非线性函数	非线性规划
涉及变量只能为整数	整数规划
目标、约束函数都包含具有随机性质的参数	随机规划
目标、约束函数都具有多阶段子问题性质且子问题之间具有联系	动态规划

(2) 人工神经网络(Neural Network,NN)优化

钢铁一体化生产计划具有高度复杂性,一些精确优化计算方法不能得到最优解,因此学者们开始研究近似优化方法,提出了人工神经网络的概念[6]。NN 是一种模拟人大脑交错繁杂的神经元组成的网状结构,模拟人脑的逻辑思维行为。每个神经元代表某种指定的输出函数,称之为激励函数。相邻神经元之间的连接构成了连接函数之间的加权值,称之为权重。激励函数和权重的不同,代表着不同的人工神经网络优化问题。

NN 作为一种并行处理模型工具,主要是为了模仿人类学习和预测事物的能力,根据神经元特征和学习机制的不同而变化。NN 用于解决生产计划调度问题主要有以下三种方式:

① 利用其并行运算能力,求解大规模生产计划 NP-hard 问题。

② 利用其学习和自适应能力获取生产计划问题知识,以构造科学合理的生产计划模型。

③ 将 NN 优化算法与其他智能算法结合运用,利用其学习能力构造合理的生产计划模型,利用其并行计算能力提高其他智能算法(例如遗传算法)处理大规模计划问题的计算能力,利用遗传算法等其他算法的全局搜索等能力得到全局最优解。由于一体化生产计划模型知识经过学者专家历年来的积累已经十分成熟,不需要利用人工神经网络进行获取,因此本书不考虑使用 NN。

(3) 变邻域搜索(Variable Neighborhood Search,VNS)算法

在利用一些传统智能算法解决各类生产计划调度问题时,容易出现算法局部收敛的情况,因此专家研究提出变邻域搜索算法。VNS 算法由 Mladenovio 和 Hansen 于 1997 年首次提出,是一种较为新颖的单点元启发式算法(Single-start Metaheuristic Algorithm)。VNS 算法起源于局部搜索算法,但是由于 VNS 算法能在运算中得到局部最优解时改变邻域结构,因而避免了局部收敛,所以其性能远远优于局部搜索算法[7]。而且 VNS 算法能与其他智能算法混合使用,从而改善算法性能,提出新的算法,如表 5-3 所示。

表 5-3　基于 VNS 算法解决生产计划调度问题

2007 年 Anghinolfi 和 Paohicci 在 VNS 算法中嵌入了 TS 和 SA 算法	用于解决以最小化拖期惩罚为优化目标的单阶段并行机生产计划与调度问题
2007 年宁树实和王伟针对薄板的热轧批量计划问题,设计了 VNS 算法	用于分别优化两个目标函数
2009 年 Roshanaei 等设计了一种 VNS 算法	用于求解以最小化 Makespan 为目标的流水车间生产计划与调度问题
2013 年马天牧等将炉次计划问题转化为一维装箱问题,设计了 VNS 和迭代局部搜索的混合算法	用于求解炉次计划问题
2014 年肖依永等设计了一种改进的 VNS 算法	用于求解无约束多层级批量计划问题

大量实验证明 VNS 算法在解决钢铁一体化生产问题中的某些子问题时,能够在一定时间内计算得到次优解。

(4) 模拟退火(Simulated Annealing,SA)算法

钢铁一体化生产计划调度问题属于多约束组合优化问题。针对这类问题,N. Metropolis 模拟物体中固体物质的退火过程与一般组合优化问题之间的相似性提出模拟退火算法[8]。SA 算法首先设定一个较高的温度初始值,然后随着温度参数的不断减小,通过使用概率突跳策略在可行解中搜寻出目标函数的全局最优解,即能够避免局部收敛并最终使得可行解趋于全局最优。

SA 算法从理论意义上讲,在某一温度下如果能够使得算法运行时间足够长,

就一定可以得到全局最优解。但在利用 SA 算法解决实际一体化生产计划调度问题时,由于其算法程序运行时间往往超过了可以接受的时间范围,因此本书不考虑使用 SA 算法。

（5）粒子群优化（Particle Swarm Optimization,PSO）算法

Kennedy 和 Eberhart 等人于 1995 年通过模拟鸟群个体觅食行为提出粒子群优化算法[9]。PSO 算法首先初始化一组粒子可行解,然后通过不断改变粒子移动速度进而改变粒子位置,使得粒子朝着全局最优的方向前进,因此粒子群优化算法能够很快得到最优解。此外,为了提高 PSO 算法的性能,还可以将遗传算法、禁忌搜索等算法嵌入到 PSO 算法中,以提高钢铁一体化生产计划的优化效果。表 5-4 所示为基于 PSO 算法解决钢铁一体化生产计划调度问题的示例。

表 5-4　基于 PSO 算法解决钢铁一体化生产计划调度问题

张涛等人提出基于非可行解进行启发式修复的改进 PSO 算法	解决基于库存余材匹配的钢铁一体化生产合同计划问题
薛云灿等人提出离散 PSO 算法	解决钢铁一体化生产的组炉计划调度问题
薛云灿等人通过结合离散 PSO 优化算法和序列倒置算子,将组浇计划模型转化为伪旅行商模型	解决最优组浇计划调度问题
李铁克等人提出基于二进制 PSO 和局部搜索的混合算法	解决轧制计划调度问题

（6）遗传算法（Genetic Algorithms,GA）

为了使得算法既能运算速度快,又能得到全局最优解,学者通过模拟生物进化的"优胜劣汰"过程,提出了遗传算法。研究发现,GA 在鲁棒性方面比传统的搜索算法更强,可以适用于解决不同类型生产计划问题。GA 相比于其他传统智能算法具有以下优点:

① 编码更加容易。GA 的编码受约束条件性质（例如连续性）的限制极少,同时 GA 的编码既可以采用二进制,也可以采用实数编码,编码方式多种多样,降低了问题的计算难度。

② 在搜索策略上,GA 不局限于单点搜索,可以进行多点搜索,因此能够有效避免局部收敛问题,从而得到全局最优解。同时多点搜索也能加快计算速度,减少运算时间。

③ 在搜索方法上,不同于传统算法的随机搜索和枚举搜索方法,GA 进行遗传算子操作时都是按概率（例如选择率、交叉率、变异率）在可行解集中进行搜索,它所采用的是一种确定目的性的启发式搜索计算方法。

对于钢铁一体化生产计划而言,由于其任何一子计划变量的种类多、变化范围大,而且其目标函数具有非线性、多目标的性质,因而增加了计算的难度,利用

传统的精确算法很难在规定时间内计算出精确解。考虑到 GA 现如今已被应用于各种组合优化问题（例如旅行商问题、流水作业问题、job-shop 问题），尽管 GA 不能有效减小搜索空间，但是由于其可以将种群分成多个子种群，子种群的并行搜索性能使得其能在较短的时间内搜索尽可能大的空间，最终得到最优解，因此本书决定主要使用 GA 解决钢铁一体化生产计划调度问题。

5.4　数字化钢铁一体化生产计划模型

钢铁一体化生产计划问题为 NP-hard 问题。一体化生产计划是由合同计划和批量计划组成，其始于合同计划，终止于轧制计划。研究各个子计划的模型（包括合同计划、组炉计划、组浇计划以及轧制计划），并且考虑各个子计划模型对上下子计划模型的影响，在满足一体化生产工艺约束前提下，保证各个模型的一体化。

5.4.1　数字化钢铁一体化生产合同计划模型

（1）合同计划问题描述

对于钢铁一体化生产而言，除轧制工序有且仅有一套轧制设备外，炼钢和连铸等工序都有多套设备，即合同计划问题属于多个合同确定其在多个工序上的机组设备的加工排序问题。在编制合同计划时，首先要满足设备产能约束，即安排在某天的合同量不能超过当天设备产能；其次要满足交货期的要求，即根据合同计划生产的订单产品必须按时交货；最后要满足库存的限制条件，对于钢铁一体化生产而言，并不是库存越少越好，而是要使库存量保持在一定范围内，以应对临时插单生产等意外情况发生。

合同计划问题可以简要描述如下：假设现有合同订单为 N 个，工序有 J 道，交货期时间窗为 $[a_i, b_i]$，设备产能集合为 Q，且加工路径均已知（假设每个合同可以根据产品不同而有不同的加工路径）。合同计划是在满足产能约束、交货期、加工路径以及质量设计约束等条件的前提下，计算每个合同在其每道生产工序开始进行加工的时间和加工设备号，使得达到以下目标：

① 合同的生产成本最少；

② 取消和延期交货的合同数最少；

③ 设备的库存与理想库存的偏差最小；

④ 设备产能利用率最大。

（2）考虑产能利用率的合同计划模型

钢铁一体化生产合同计划问题模型可用如下数学表达式表示：

$$\min f_1 = \theta_1 \sum_{i=1}^{N} \left[Q_i \alpha \max\left(\sum_{t=1}^{T} (a_i - t) X_{ijt}, 0 \right) + Q_i \beta \max\left(\sum_{t=1}^{T} (t - b_i) X_{ijt}, 0 \right) \right]$$

$$(5\text{-}1)$$

$$\min f_2 = \theta_2 \sum_{i=1}^{N} \delta_i W_i \varepsilon_{id} \tag{5-2}$$

$$\min f_3 = \theta_3 \sum_{t=1}^{T} \sum_{j=1}^{J} V_j \max\left(\sum_{i=1}^{N} (\lambda E_{jt} - X_{ijt} W_i), 0 \right) \tag{5-3}$$

$$\min f = \min f_1 + \min f_2 + \min f_3$$

$$= \theta_1 \sum_{i=1}^{N} \left[Q_i \alpha \max\left(\sum_{t=1}^{T} (a_i - t) X_{ijt}, 0 \right) + Q_i \beta \max\left(\sum_{t=1}^{T} (t - b_i) X_{ijt}, 0 \right) \right]$$

$$+ \theta_2 \sum_{i=1}^{N} \delta_i W_i \varepsilon_{id} + \theta_3 \sum_{t=1}^{T} \sum_{j=1}^{J} V_j \max\left(\sum_{i=1}^{N} (\lambda E_{jt} - X_{ijt} W_i), 0 \right) \tag{5-4}$$

s. t.

$$t_{i,j-1} \leqslant t_{i,j} \quad i = 1, 2, \cdots, N; j = 1, 2, \cdots, J \tag{5-5}$$

$$\sum_{i=1}^{N} X_{ijt} Q_i \leqslant C_{jt} \quad j = 1, 2, \cdots, J; t = 1, 2, \cdots, T \tag{5-6}$$

$$\sum_{t=1}^{T} \sum_{k=1}^{M} X_{ijkt} = 1 \quad i = 1, 2, \cdots, N; j = 1, 2, \cdots, J \tag{5-7}$$

$$X_{ijkt} \in \{0, 1\} \quad i = 1, 2, \cdots, N; j = 1, 2, \cdots, J$$

变量说明：

$\theta_1, \theta_2, \theta_3$——最小化所有合同的提前-拖延总惩罚值的加权系数、有限权系数大的合同优先排产的加权系数、产能未能充分利用的惩罚值的加权系数；

V_j——第 j 道工序的产能未能充分发挥的惩罚系数；

λ——期望最低负荷系数，为 $(0,1)$ 之间的值；

M——炉次数；

N——合同数量；

W_i——第 i 个合同的需求量；

δ_i——第 i 个合同被取消的惩罚值；

ε_{id}——优先级系数；

$$\varepsilon_{id} = \begin{cases} d & \text{第 } i \text{ 个合同的优先级为 } d \text{ 时被取消生产} \\ 0 & \text{否则} \end{cases}$$

J——工序数；

T——计划期；

E_{jt}——产能期望(平均值);

Q_i——合同 i 的订货量;

C_{jt}——工序 j 在时段 t 的额定产能;

$[a_i, b_i]$——合同 i 的交货期窗口;

α——合同单位重量提前惩罚系数;

β——合同单位重量拖期惩罚系数。

决策变量定义为:

$$X_{ijt} = \begin{cases} 1 & \text{合同 } i \text{ 在工序 } j \text{ 的 } t \text{ 时段生产} \\ 0 & \text{否则} \end{cases}$$

其中,i 表示合同号,j 表示工序段,t 表示时间段;$i=1,2,\cdots,N$;$j=1,2,\cdots,J$;$t=1,2,\cdots,T$。

$$X_{ijkt} = \begin{cases} 1 & \text{合同 } i \text{ 在时间段 } t \text{ 内在工序 } j \text{ 的第 } k \text{ 台机器上加工} \\ 0 & \text{否则} \end{cases}$$

上述模型的优化目标式(5-1)表示合同总惩罚值最小,即使得合同提前、拖期以及被取消的惩罚值最小。优化目标式(5-2)表示优先权系数大的合同优先排产。优化目标式(5-3)表示产能未能充分利用的惩罚值。约束条件式(5-5)表示第 i 个合同的工序顺序约束。约束条件式(5-6)表示某设备所加工的合同总量不大于设备的额定产能。约束条件式(5-7)表示每个合同的每道工序只能在一台机器上加工。

5.4.2 数字化钢铁一体化生产组炉计划模型

(1) 组炉计划问题描述

炼钢-连铸过程中的组炉计划问题其实是关于转炉和合同板坯的多背包问题,属于工业生产中 NP-hard 问题。组炉计划是一体化批量计划的开始环节。在一体化生产过程中,组炉计划的约束条件通常是合同订单的规格参数和钢种限制。根据约束条件将不同的合同订单的虚拟板坯排列在一个炉次中,从而进行炼钢生产。在编制组炉计划时,一般情况下一个炉次是由多个合同组成,一个合同只能在一个炉次中生产,但是遇到插入本合同后该炉的合同板坯总量大于炉容量,不插入本合同该炉的合同板坯总量又小于最小炉容量要求的情况,可以将一个合同拆分为几个小合同分别插入到几个炉次中。如果组成同一炉次的板坯总量未能达到最大炉容量,则多余部分即为无委材。

组炉计划即在满足同一炉次的属性(交货期、宽度、厚度)尽量相同或者相近的情况下,将所有合同的板坯安排到各个炉次中,同时也要使得炉次数尽量少,最大重量的板坯被充分投入生产。而保证后续计划(组浇计划、轧制计划)能够顺利进行就是组炉计划的"一体化"。

对于要组成同一炉次的合同,应该符合下面这些约束条件:

① 一样的产品钢级;

② 一样的板坯厚度;

③ 一样的板坯宽度;

④ 相同或者相近的合同交货期;

⑤ 板坯宽度必须介于轧制宽度和轧制宽度往上调 100 mm 之间;

⑥ 合同板坯总量在不大于炉容量的情况下,必须不小于炉容量的 90%。

当出现同一炉次的合同板坯总量不能达到最小炉容量时,通常会采取以下策略:首先将预选池合同的总量扩大,使得同一炉次的合同板坯总量增加;其次在第一步都无法达到最小炉容量时,将部分板坯钢级增加,使得同一炉次的合同板坯总量增加;最后如果前两步都无法达到要求,只能形成无委材或者放弃该炉次。

编制组炉计划时应该达到以下几点目标:

① 炉次数量最少;

② 使一批待生产的用户合同板坯在组炉后,组炉计划总的余材量最少;

③ 同一个炉次内板坯的宽度、钢级、交货期等差异最小;

④ 炉容量利用率最大。

(2)考虑无委材和合同剔除的组炉计划模型

假设炉容量已知,每个合同板坯总量均远小于炉容量并且均不拆分。

最优组炉计划的数学模型如下:

$$\min P \tag{5-8}$$

$$\min Z = \sum_{i=1}^{N} \sum_{j=1}^{N} (C_{ij}^1 + C_{ij}^2 + C_{ij}^3) X_{ij} + \sum_{j=1}^{N} P_j \cdot Y_j + \sum_{j=1}^{N} (1 - X_{ij}) h_j \tag{5-9}$$

s. t.

$$\sum_{j=1}^{N} X_{ij} \leqslant 1 \quad i = 1, 2, \cdots, N \tag{5-10}$$

$$\sum_{i=1}^{N} g_i \cdot X_{ij} + Y_j \leqslant T \cdot X_{jj} \quad j = 1, 2, \cdots, N \tag{5-11}$$

$$X_{ij} \leqslant X_{jj} \quad i = 1, 2, \cdots, N; j = 1, 2, \cdots, N \tag{5-12}$$

$$Y_j \geqslant 0 \quad j = 1, 2, \cdots, N \tag{5-13}$$

$$X_{ij} \in \{0,1\} \quad i = 1, 2, \cdots, N; j = 1, 2, \cdots, N \tag{5-14}$$

变量说明:

P——炉次数;

C_{ij}^1——合同 i 和合同 j 之间的钢级偏差惩罚系数,定义如下:

$$C_{ij}^1 = \begin{cases} +\infty & \text{合同 } i \text{ 和合同 } j \text{ 不属于同一钢级序列,或者合同 } i \text{ 和合} \\ & \text{同 } j \text{ 在同一板坯序列,但合同 } i \text{ 比合同 } j \text{ 钢级要求高} \\ F_1(ST_i - ST_j) & \text{合同 } i \text{ 和合同 } j \text{ 属于同一钢级序列,合同 } i \text{ 比合同 } j \text{ 级} \\ & \text{别低而产生钢降级的损失费;} F_1 \text{ 为热装率;} S \text{ 为损失费} \\ & \text{用系数} \\ 0 & \text{合同 } i \text{ 和合同 } j \text{ 钢级相同} \end{cases}$$

N——用于编制炉次计划的合同次数;

C_{ij}^2——合同 i 和合同 j 之间的板坯宽度偏差惩罚系数,定义如下:

$$C_{ij}^2 = \begin{cases} 0 & \text{合同 } i \text{ 和合同 } j \text{ 不属于同一宽度} \\ +\infty & \text{if}[W_i, W_i+100] \cap [W_j, W_j+100] = \varphi \\ F_2(b-a) & \text{if}[W_i, W_i+100] \cup [W_j, W_j+100] = \varphi; a = \max\{W_i, W_j\}, \\ & b = \min\{W_i+100, W_j+100\}; F_2 \text{ 为组炉余材率} \end{cases}$$

W_i——第 i 个合同的轧制宽度;

C_{ij}^3——合同 i 和合同 j 之间的合同交货期偏差惩罚系数;

$$C_{ij}^3 = \begin{cases} F_3(d_i - d_j) & \text{当 } d_i \geqslant d_j; F_3 \text{ 为拖期惩罚系数} \\ F_4(d_j - d_i) & \text{当 } d_i < d_j; F_4 \text{ 为提前惩罚系数} \end{cases}$$

T——炉容量;

P_j——第 j 个炉次剩余板坯的附加费用系数;

Y_j——无委材的量;

g_i——第 i 个合同的总量;

h_j——第 j 个合同未被选中所引起的附加费用系数。

决策变量定义为:

$$X_{ij} = \begin{cases} 1 & \text{若第 } i \text{ 个合同属于第 } j \text{ 个炉次} \\ 0 & \text{否则} \end{cases}$$

目标函数式(5-8)表示最小化总炉次数;目标函数式(5-9)表示同一炉次中板坯钢级、板坯宽度以及交货期偏差和因形成无委材和合同被剔除而产生的费用之和最少;约束条件式(5-10)表示一个合同不能同时排入几个炉次,有且只能排入一个炉次;约束条件式(5-11)表示每个炉次的合同板坯总量必须不大于炉容量;约束条件式(5-12)表示每个炉次首先得有一个合同作为聚类中心;约束条件式(5-13)表示无委材的量不小于零;约束条件式(5-14)表示决策变量只能取 0 或 1。

5.4.3　数字化钢铁一体化生产组浇计划模型

（1）组浇计划问题描述

在编制完批量计划的组炉计划后，就可以依据组炉计划相关数据结果编制组浇计划。在编制一体化组浇计划时，需要在满足生产工艺的前提下，将交货期、板坯钢级、板坯宽度相同或者相近的炉次组合成一个浇次（CAST），并且要确定同一个浇次中各个炉次浇铸的顺序，从而使得设备调节次数和生产费用最少。各个炉次要想组成同一 CAST，需要满足以下约束条件：

① 组成同一个 CAST 的炉次数不是越多越好，是受限制的；

② 组成同一个 CAST 的炉次板坯厚度必须相同；

③ 组成同一个 CAST 的炉次板坯宽度应该相同或者相近；若不能达到宽度完全一致，则宽度应该按照非递增顺序排列，而且板坯宽度最好是平稳变化，禁止相邻板坯的宽度跳跃性变化；

④ 组成同一个 CAST 的各个炉次钢级序列值应该相近；

⑤ 交货期不相近的炉次不能组成同一个 CAST。

钢铁一体化生产组浇计划问题可描述为：根据组炉计划得知某日要生产 I 个炉次，则按照工艺约束条件可以组合成 CAST 的个数为 J，在确保各个工序不中断的前提下，计算 $CAST_j$（$j=1,2,\cdots,J$，即为第 j 个浇次）的炉次组成 C_j 以及其对应的连铸机号 k（$k=1,2,\cdots,K$，共有 K 台连铸机），并且确定各个 CAST 的加工顺序，使得生产周期时间、生产费用、物流费用最小，以及连铸机设备利用率最高。

（2）考虑最小化炉次参数差异的组浇计划模型

假设有 J 个 CAST，连铸机有 K 台，在每个 CAST 上只有一道工序。则组浇计划问题的模型如下：

$$\min Z = \sum_{j=1}^{J}\sum_{k=1}^{K} P_{jk} \cdot a_{jk} + \sum_{j=1}^{J}\sum_{k=1}^{K} P \cdot N_j \cdot T_k \cdot a_{jk}$$

$$+ \sum_{m=1}^{N}\sum_{i=1}^{N_m}\sum_{j=1}^{N_m} (C_{ij}^1 + C_{ij}^2 + C_{ij}^3) \cdot X_{mi} \cdot X_{mj} \tag{5-15}$$

s. t.

$$\sum_{k=1}^{K} a_{jk} = 1 \quad j = 1,2,\cdots,J \tag{5-16}$$

$$\sum_{j=1}^{J} N_j T_k a_{jk} \leqslant C_k \tag{5-17}$$

$$a_{jk} = \begin{cases} 1 & \text{浇次 } j \text{ 在连铸机 } k \text{ 上浇铸} \\ 0 & \text{浇次 } j \text{ 不在连铸机 } k \text{ 上浇铸} \end{cases} \tag{5-18}$$

式中 J——浇次计划数;

       K——连铸机数;

       N_j——$CAST_j$ 包含的炉次数;

       X_{mi}——$CAST_m$ 中炉次 i 的决策变量;

       a_{jk}——$CAST_j$ 是否被安排在连铸机 k 上的变量;

       C_{ij}^1——炉次 i 和炉次 j 之间的钢级偏差惩罚系数,其具体定义如下所示:

$$C_{ij}^1 = \begin{cases} 0 & \text{炉次 } i \text{ 和炉次 } j \text{ 钢级相同} \\ W_{ij}^1 & \text{炉次 } i \text{ 和炉次 } j \text{ 属于同一钢级数列} \\ \infty & \text{炉次 } i \text{ 和炉次 } j \text{ 不属于同一钢级数列} \end{cases}$$

       C_{ij}^2——炉次 i 和炉次 j 之间的板坯宽度偏差惩罚系数;

$$C_{ij}^2 = \begin{cases} 0 & \text{炉次 } i \text{ 和炉次 } j \text{ 的宽度相同} \\ W_{ij}^2 \cdot |WH_i - WH_j| & \text{炉次 } i \text{ 和炉次 } j \text{ 的宽度满足 } 0 < |WH_i - WH_j| \leqslant E \\ \infty & \text{若 } |WH_i - WH_j| > E (E \text{ 为相邻炉次的宽度跳跃阀值}) \end{cases}$$

       C_{ij}^3——炉次 i 和炉次 j 之间的交货期偏差惩罚系数;

       W_{ij}^1, W_{ij}^2——相关惩罚系数的具体值;

       WH_i, WH_j——炉次 i 和炉次 j 下的板坯宽度;

       T_k——连铸机 k 浇铸一炉的时间;

       C_k——连铸机 k 的可用生产时间;

       P_{jk}——$CAST_j$ 被安排在连铸机 k 上,未满足连铸机 k 约束的惩罚费用;

       P——单位时间的浇铸费用。

    目标函数式(5-15)表示使得 $CAST$ 未能与连铸机正确匹配产生的费用,所有 $CAST$ 浇铸时产生的生产费用和同一个 $CAST$ 的各炉次之间由板坯钢级、板坯宽度以及交货期差异所引起的费用之和最小;约束条件式(5-16)表示一个 $CAST$ 只能与一台连铸机匹配;约束条件式(5-17)表示连铸机的产能约束。

5.4.4 数字化钢铁一体化生产轧制计划模型

（1）轧制计划问题描述

    轧制计划作为钢铁一体化生产计划的最后一个子计划,具有重要意义。轧制计划即在满足生产工艺约束、用户要求以及轧制规则前提下,合理地对经过连铸工序后的板坯进行排序和加工。一个轧制计划的高效合理性,取决于能否提高设备利用率进而提高生产率、提高产品质量、降低生产成本,从而提高市场竞争力。

由于轧制生产需要考虑大量复杂的约束条件,因此轧制计划被认为是钢铁一体化生产计划中 NP-hard 问题之一。

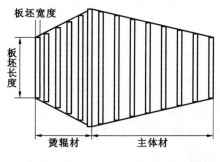

图 5-2　轧制单元的组成结构

轧制计划(也叫作轧制单元)如图 5-2 所示,通常是由两大部分组成:主体材和烫辊材。在一个轧制单元最开始的部分即为烫辊材部分,这部分主要是辅助轧制生产阶段,排在这部分的板坯是按照其宽度递增的顺序排列。轧辊在进行这部分板坯轧制时温度会越来越高,简而言之这部分主要是为了给轧辊预热,因此才叫作烫辊材。当轧辊轧制完烫辊材部分就开始要轧制主体材的部分,主体材轧制完形成的产品才是最终用户合同要求的产品。通常为了保证最终成品质量要求,将主体材部分的板坯按照其宽度递减序列排列。由图 5-2 可知,整个轧制单元组成一个"乌龟壳"形状。对于一个完整的轧制单元而言,考虑板坯热装热送的情况下,可以让一部分的冷热板坯编排在一起。一般作为轧制单元组成部分的烫辊材与主体材,在排列板坯时需要满足一定规则。

烫辊材部分排列规则为:

① 组成烫辊材的板坯数量在 4～8 块之间。90 cm≤板坯宽度≤110 cm,2.75 mm≤板坯厚度≤4.5 mm,硬度不大于特定出钢记号为 2 号的板坯硬度。

② 相邻板坯的宽度差控制在 200 mm 范围以内。

主体材部分排列规则为:

① 相邻板坯应该满足其厚度、硬度、表面要求相同或者相近的条件;考虑板坯厚度的跳跃差情况下,应该将板坯宽度跳跃控制在 25 cm 以内。

② 对于板坯宽度相同或者宽度变化小于 50 mm 的板坯,其轧制长度必须小于同等宽度公里数。

③ 相邻板坯的一些温度跳跃程度必须小于规定的跳跃程度,例如出炉温度、终轧温度和卷取温度。

④ 轧制单元的轧制长度必须小于根据板坯表面等级所确定的公里数。

(2)考虑最大化轧制公里数的轧制计划模型

假设板坯共有 n 块,相邻板坯之间的厚度、宽度、硬度约束条件以及根据表面等级确定的轧制单元总长度和同等宽度公里数均已知,建立以下轧制计划模型:

$$\min m \tag{5-19}$$

$$\min \sum_{k=1}^{m} \sum_{i=0}^{n} \sum_{j=0}^{n} (c_{ij} x_{ijk}) \tag{5-20}$$

$$\min \frac{\partial}{K_m} \quad (5\text{-}21)$$

s. t.

$$\sum_{k=1}^{m} y_{ik} = \begin{cases} 1 & i = 1, 2, \cdots, n \\ m & i = 0 \end{cases} \quad (5\text{-}22)$$

$$\sum_{i=1}^{n} q_i y_{ik} \leqslant Q_{kz} \quad k = 1, 2, \cdots, m \quad (5\text{-}23)$$

$$\sum_{i=1}^{n} x_{ijk} = 1 \quad (5\text{-}24)$$

$$\sum_{j=1}^{n} x_{ijk} = 1 \quad (5\text{-}25)$$

$$\sum_{i=1}^{n} \sum_{j=1}^{n} x_{ijk} \leqslant n - 1 \quad (5\text{-}26)$$

$$m_{\min} = \mathrm{int} \Big[\sum_{i=1}^{n} q_i / Q_{kz} \Big] \quad (5\text{-}27)$$

式中 n——需要编入轧制计划的板坯总数;

m——轧制计划数;

∂——专家根据经验给的常数值;

$m_{\min}$——轧制最小计划数;

c_{ij}——相邻两个板坯 i 和 j 之间的惩罚值,$c_{i0} = 0$,$c_{0i} = 0$,$c_{ii} = \infty$,且:

$$c_{ij} = p_{ij}^{w} + p_{ij}^{t} + p_{ij}^{h} + p_{ij}^{th} + p_{ij}^{ta} + p_{ij}^{tc}$$

其中:

$p_{ij}^{w}, p_{ij}^{t}, p_{ij}^{h}, p_{ij}^{th}, p_{ij}^{ta}, p_{ij}^{tc}$——相邻两个板坯之间由宽度、厚度、硬度、出炉温度、
    精轧温度、卷取温度差异产生的惩罚值;

且有:

$$x_{ijk} = \begin{cases} 1 & \text{轧制计划 } k \text{ 内在轧制完板坯块 } i \text{ 后直接轧制板坯块 } j \\ 0 & \text{否则} \end{cases}$$

$$y_{ik} = \begin{cases} 1 & \text{轧制计划 } k \text{ 包含板坯块 } i \\ 0 & \text{否则} \end{cases}$$

q_i——板坯 i 的轧制长度;

Q_{kz}——轧制计划 k 主体材的长度约束;

int——取整。

目标函数式(5-19)表示得到数量最少的轧制计划;目标函数式(5-20)表示一个轧制单元中相邻板坯的宽度、厚度、硬度、出炉温度、精轧温度以及卷取温度偏差最小;目标函数式(5-21)表示最小化轧制单元的轧制公里数;约束条件

式(5-22)表示每块板坯不能同时排入多个轧制单元,有且只能排入一个轧制单元;约束条件式(5-23)表示主体材的轧制长度限制条件;约束条件式(5-24)、式(5-25)表示每块板坯只处理一次(不重复);约束条件式(5-26)表示禁止子回环;约束条件式(5-27)表示轧制最小计划数。

5.5　基于模型规则知识的数字化生产调度智能算法设计

传统的钢铁一体化生产合同计划的编制采用遗传算法、禁忌搜索、粒子群算法等单一算法,本书采用基于模型规则知识的启发式遗传算法。针对合同计划问题,利用启发式遗传算法,一方面可使得算法的收敛速度变快,同时可避免传统遗传算法收敛过早的缺陷;另一方面可使得算法的全局搜索能力变强,弥补传统算法易局部收敛的不足。

5.5.1　基于知识的合同计划聚类单亲遗传算法

某钢铁厂每月要接收 $100\sim300$ 份合同,如此数量庞大的合同要在短时间内全部排入合同计划,既要保证交货期,又要保证重要客户的利益,另外每月合同涉及的钢种也比较多,再者合同计划需要满足炼钢、连铸、热轧、精整等多道工序的产能要求,采用传统算法(如遗传算法、禁忌搜索算法)无法在短时间内得到最优解。本书基于知识库的模型规则知识,对合同按照交货期、钢种等条件依次进行聚类,采用双染色体编码的单亲遗传算法进行编程,将得到的合同计划结果保存在数据库中,最终满足智能调度要求。

该算法步骤如下所示:

步骤1:初始化各工序产能约束;

步骤2:选取交货期在本月且满足本公司产品要求的合同进行编码,采用双染色体进行编码,每个个体都由两行数据组成,第一行为合同序号,第二行为合同生产时间段;

步骤3:初始化迭代次数 $gen=0$,并计算目标函数值 $ObjV$;

步骤4:选择交货期相近的合同,再将这些合同按 $Q235A$、$Q235B$ 等不同钢种做聚类处理;

步骤5:以 5 d 为一个时间单位,对每个类型的合同分别按炼钢-连铸-热轧-精整的顺序进行搜索;

步骤6:记录满足每段时间的产能要求的可行解;

步骤7:若有的时间段可能出现产能不足的情况,有的时间段可能出现产能过剩的情况,按照模型规则知识,可将产能不足时间段的合同进行拆解,将部分溢

出合同转移到产能过剩的时间段进行生产;

步骤 8:倘若进行拆解、转移后,还有一些时间段出现产能不足的情况,按照客户优先级先剔除优先级低且合同量小的合同,使得损失最小;

步骤 9:对合同进行遗传算子(选择、变异)操作,由于第一行为合同编号,交叉后容易形成重复合同,因此采用单亲遗传算法,不进行交叉操作;

步骤 10:令迭代次数 $gen=gen+1$,并计算目标函数值 $ObjV$;

步骤 11:观察迭代次数是否满足 $gen>MAXGEN$,若满足则计算终止,找到目标函数的最优解,保存结果并将其输出到数据库中。

详细的合同计划算法流程如图 5-3 所示。

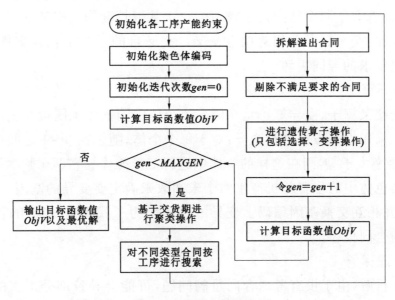

图 5-3　合同计划算法流程

5.5.2　基于合同计划和炉次模型规则的组炉计划遗传算法

组炉计划是根据合同计划编制的。对于组炉计划的编制,通常都是采用遗传算法、遗传熵算法等传统算法,为了加快计算速度和提高计算结果的准确性,本书结合知识库中模型约束知识,在传统遗传算法的基础上进行如下几点改进:

(1)基于模型规则的聚类算子

挑选某段时间,合同共计 N 个(假设每个合同具有相同的板坯厚度),每个合同的重量为 G_i,转炉炉容量为 P,则需要组成 $M=\sum_{i=1}^{N}\dfrac{G_i}{P}$ 个炉次。第一步:按照钢级分类,选取 M 个合同板坯组成 M 个炉次的聚类中心,其他合同板坯往聚类中心聚集。第二步:再按板坯宽度分类,钢级相同而板坯宽度不同的板坯不能组成同一个炉次,只有钢级和宽度都相同的板坯才能组成一个炉次。

（2）基于聚类中心的编码

采取合同号实数编码，这样有利于进行遗传算子操作。合同共计 N 个。将染色体按照炉次分成 M 段基因，则默认为它采取的是从第 1 号到第 M 号炉次的排列，每段基因则至少有 N/M 个合同。按照上述聚类算子将各个合同排到每段基因中，使得每段基因个数达到 N/M。若有多余合同未被安排到各段基因中，则将该合同安排到同钢级、同宽度的炉次基因段中。

（3）交叉算子

由于合同量很大，不可避免会出现很多同钢级也同板坯宽度的炉次，交叉操作就在不同个体中这样的两个炉次基因编码之间进行。若两个炉次基因的长度不同，则随机选取不同个体的两个较短的炉次基因长度作为交叉基因长度的基因进行交叉操作，交叉算子采用为两点交叉。交叉目的是为了找到交货期相近、轧制宽度满足要求的合同板坯。

（4）变异算子

区别于交叉算子，变异算子是在同一个个体中同钢级也同板坯宽度的炉次基因段进行。采用以下方法进行变异：对于每个个体，随机在 $0\sim1$ 之间产生一个数 Q，若变异概率大于 Q，则在这样的个体中进行变异操作。在两个炉次基因中按合同在整个染色体中的位置随机产生两个未知数来确定要变异的基因位置，找到这两个基因，并相互交换基因编码。变异的目的是为了找到交货期相近、轧制宽度满足要求的合同板坯。

（5）筛选算子

对于可行解，由于没有考虑合同量的问题，可能会导致部分炉次的总重量超过炉容量，这时候需要筛选合同，剔除优先级低的合同，使得总重量小于炉容量而大于最小炉容量。具体组炉计划算法流程如图 5-4 所示。

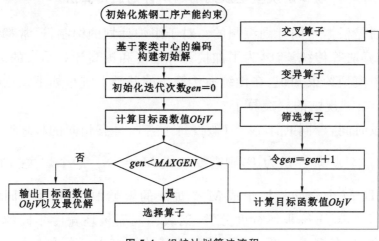

图 5-4　组炉计划算法流程

5.5.3 基于组炉计划和启发式规则的组浇计划遗传算法

选取同日编制的组炉计划的炉次数据作为编制最优组浇计划的数据来源,假设某厂共计 N 个炉次,而且该厂拥有 P 台连铸机。

（1）聚类算子

为了加快计算速度和提高结果的可靠性,本算法同样也采用聚类算子操作。首先,根据不同炉次的板坯厚度分类,由于不同厚度的板坯是严禁组成同一浇次的,因此不同炉次的板坯厚度不同,则归类为不同的浇次。其次,按照板坯的宽度分类,由于不同的连铸机可浇铸的板坯宽度是不一样的,因此将不同宽度的板坯按照每台连铸机的浇铸宽度分为不同的浇次。为了使得生产力平衡,可使具有相同厚度和宽度的炉次平均分配到能浇铸相同宽度范围的连铸机上,进而组成不同的浇次。

（2）初始解构造

假设每个个体都是由连铸机号（也称浇次号）和浇铸顺序组成,例如 $X =$
$\begin{bmatrix} a_1 & a_2 & \cdots & a_n \\ b_1 & b_2 & \cdots & b_m \end{bmatrix}$→连铸机号→浇铸顺序,而炉次号是采用默认的 $1,2,\cdots,N$ 的顺序。以下面为例：

$$X = \begin{bmatrix} 1 & 3 & 2 & 1 & \cdots \\ 2 & 1 & 2 & 1 & \cdots \end{bmatrix}$$

即从左往右依次表示 1 号炉次在 1 号连铸机上,排在第 2 位浇铸；2 号炉次在 3 号连铸机上,排在第 1 位浇铸；3 号炉次在 2 号连铸机上,排在第 2 位浇铸；4 号炉次在 1 号连铸机上,排在第 1 位浇铸,等。

（3）交叉算子

交叉算子采用 OX 算子,即在两个父代个体染色体中随机选取一段具有相同长度的基因,然后相互交换这部分基因,为防止交换后出现相同基因,采取以下措施：首先将 $A2$ 中要交叉的基因片段添加到 $A1$ 前面,将 $A1$ 中要交叉的基因片段添加到 $A2$ 前面；其次在交叉后的子代 $A1'$ 中删除与 $A2$ 要交叉的基因片段相同的基因,同理对于子代 $A2'$ 采用相同操作。具体操作步骤如图 5-5 所示。

（4）变异算子

由于组浇计划的个体是双染色体,区别于组炉计划的交叉算子,此交叉算子是将连铸机号基因以及对应浇铸顺序基因同时交换位置,使得钢种变化最小,相邻炉次之间的宽度变化按非递增顺序排列,如图 5-6 所示,交叉第 2 位和第 6 位。

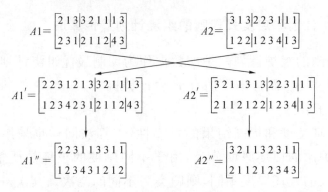

$$A1=\begin{bmatrix} 2\ 1\ 3\ |\ 3\ 2\ 1\ 1\ |\ 1\ 3 \\ 2\ 3\ 1\ |\ 2\ 1\ 1\ 2\ |\ 4\ 3 \end{bmatrix} \qquad A2=\begin{bmatrix} 3\ 1\ 3\ |\ 2\ 2\ 3\ 1\ |\ 1\ 1 \\ 1\ 2\ 2\ |\ 1\ 2\ 3\ 4\ |\ 1\ 3 \end{bmatrix}$$

$$A1'=\begin{bmatrix} 2\ 2\ 3\ 1\ 2\ 1\ 3\ |\ 3\ 2\ 1\ 1\ |\ 1\ 3 \\ 1\ 2\ 3\ 4\ 2\ 3\ 1\ |\ 2\ 1\ 1\ 2\ |\ 4\ 3 \end{bmatrix} \qquad A2'=\begin{bmatrix} 3\ 2\ 1\ 1\ 3\ 1\ 3\ |\ 2\ 2\ 3\ 1\ |\ 1\ 1 \\ 2\ 1\ 1\ 2\ 1\ 2\ 2\ |\ 1\ 2\ 3\ 4\ |\ 1\ 3 \end{bmatrix}$$

$$A1''=\begin{bmatrix} 2\ 2\ 3\ 1\ 1\ 3\ 3\ 1\ 1 \\ 1\ 2\ 3\ 4\ 3\ 1\ 2\ 1\ 2 \end{bmatrix} \qquad A2''=\begin{bmatrix} 3\ 2\ 1\ 1\ 3\ 2\ 1\ 1 \\ 2\ 1\ 1\ 2\ 1\ 2\ 3\ 4\ 3 \end{bmatrix}$$

图 5-5　组浇计划交叉算子流程

$$A1''=\begin{bmatrix} 2 & 2 & 3 & 1 & 1 & 3 & 3 & 1 & 1 \\ 1 & 2 & 3 & 4 & 3 & 1 & 2 & 1 & 2 \end{bmatrix}$$

$$\downarrow$$

$$A1'''=\begin{bmatrix} 2 & 3 & 3 & 1 & 1 & 2 & 3 & 1 & 1 \\ 1 & 1 & 3 & 4 & 3 & 2 & 2 & 1 & 2 \end{bmatrix}$$

图 5-6　组浇计划变异算子流程

（5）译码算子

由初始解构造可知，个体都是由连铸机号和浇铸顺序组成，当得到可行解转而去计算目标值时，个体本身的编码导致无法计算，因此需要进行译码操作，将其转换为炉次号与浇次号之间的关系。假设 $A1'''$ 为一可行解。首先将默认的炉次号作为第三行基因加入每个个体，得到 $A11'''$，如下所示。

$$A11'''=\begin{bmatrix} 2 & 3 & 3 & 1 & 1 & 2 & 3 & 1 & 1 \\ 1 & 1 & 3 & 4 & 3 & 2 & 2 & 1 & 2 \\ 1 & 2 & 3 & 4 & 5 & 6 & 7 & 8 & 9 \end{bmatrix}$$

其次将 $A11'''$ 按照连铸机号（即第一行元素）从小到大的顺序排列，第二、三行元素随之一起移动，则变成 $A12'''$，如下所示。

$$A12'''=\begin{bmatrix} 1 & 1 & 1 & 1 & 2 & 2 & 3 & 3 & 3 \\ 4 & 3 & 1 & 2 & 1 & 2 & 1 & 3 & 2 \\ 4 & 5 & 8 & 9 & 1 & 6 & 2 & 3 & 7 \end{bmatrix}$$

然后对于每台连铸机按照其浇铸顺序（即第二行元素）从小到大的顺序排列第二、三行，则变成 $A13'''$，如下所示。

$$A13'''=\begin{bmatrix} 1 & 1 & 1 & 1 & 2 & 2 & 3 & 3 & 3 \\ 1 & 2 & 3 & 4 & 1 & 2 & 1 & 2 & 3 \\ 8 & 9 & 5 & 4 & 1 & 6 & 2 & 7 & 3 \end{bmatrix}$$

最后去掉第二行的基因,则转换为连铸机号与炉次号之间的关系,变成
$A14'''$,如下所示。

$$A14''' = \begin{bmatrix} 1 & 1 & 1 & 1 & 2 & 2 & 3 & 3 & 3 \\ 8 & 9 & 5 & 4 & 1 & 6 & 2 & 7 & 3 \end{bmatrix}$$

具体的组浇计划算法流程如图 5-7 所示。

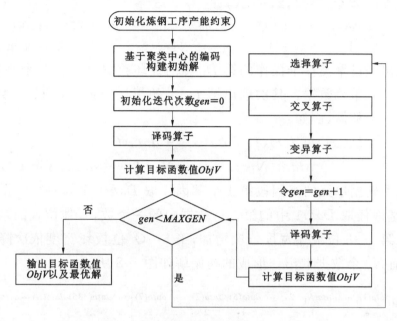

图 5-7 组浇计划算法流程

5.5.4 基于板坯实绩和轧制模型规则的轧制计划遗传算法

浇铸板坯后,车间会统计相应的板坯实绩,再根据板坯实绩编制轧制计划。
编制轧制计划时不仅要考虑板坯数目多的特点,而且也要考虑板坯的宽度、厚度、
硬度、长度等因素,如果利用标准遗传算法,不能在理想的时间内得到可靠的轧制
计划结果,因此本书考虑利用改进的遗传算法进行轧制计划计算。某日某厂接收
到包括 Q235A、Q235B 等钢种在内的 5 种钢材,总计 N 块板坯,根据板坯表面等
级可知轧制单元公里数限制 P 的要求,拟定生成 X 个轧制单元。

(1)聚类算子

对原始数据进行聚类处理:首先根据硬度等级大小将所有板坯分类,假设分
为 $D_1, D_2, \cdots, D_m$(m 为总的类别数)。然后对于按强度分类后的每类板坯,计算
每类板坯的板坯总长度 $L_1, L_2, \cdots, L_m$;板坯总个数 $N_1, N_2, \cdots, N_m$。则每类板坯
的轧制单元数 $C_1 = [L_1/P], C_2 = [L_2/P], \cdots, C_m = [L_m/P]$,每类板坯中每个轧制
单元的板坯数 $Q_1 = [N_1/C_1], Q_2 = [N_2/C_2], \cdots, Q_m = [N_m/C_m]$。其次对于每类

板坯,按照板坯宽度从小到大排序,其他,如板坯号、板坯宽度、板坯硬度也随之移动。形成最终数据 $data$。

（2）构造分段式初始解

初始个体采用双染色体编码,第一行染色体为板坯号,第二行染色体为轧制单元数。按行将其分为 X 段,分别对应第 i 个轧制单元的板坯号和轧制单元数,每段基因的长度为 $Q_i(i=1,2,\cdots,X)$。

$$Chrom=\begin{bmatrix} data(1) & \cdots & data(5) & \cdots & data(355) & \cdots & data(367) \\ 1 & \cdots & 1 & \cdots & X & \cdots & X \end{bmatrix} \begin{matrix} \rightarrow 板坯号 \\ \rightarrow 轧制单元数 \end{matrix}$$

首先取出经过聚类算子操作的第 D_1 类的板坯数据,则前 C_1 个基因均为 D_1 类板坯号和轧制单元数据。其次取出第 D_1 类的板坯数据中前 C_1 个数据、后 C_1 个数据组成一个整体,例如:

$$Data1=[data(1)\ data(2)\ \cdots\ data(C_1);$$
$$data(N_1-1)\ data(N_1-2)\ \cdots\ data(N_1-C_1)]$$

对于每个轧制单元的基因段第 1 个基因任取 $Data1$ 中第一行数据中的一个数;第 8 个基因任取 $Data1$ 中的第二行数据中的一个数,其他位置的基因按照每个轧制单元第 $1\sim8$ 位板坯宽度依次增加,第 $8\sim Q_i$ 位板坯宽度依次降低的顺序将 $data$ 中前 N_1 个数据取出。形成的初始解如图 5-8 所示。

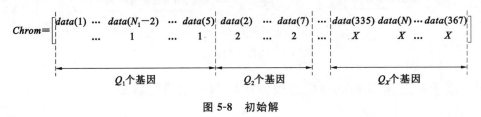

图 5-8　初始解

（3）基于轧制单元的交叉算子

轧制计划交叉算子尽管也是采用 OX 算子,但是所截取的片段只能限制某个轧制单元的基因片段,严禁同时跨几个轧制单元截取片段,如下所示为两个父代个体 $Chrom1$、$Chrom2$:

$$Chrom1=\begin{bmatrix} 1 & 8 & 12 & 9 & \cdots & 2 & 13 & 7 & \cdots \\ 1 & 1 & 1 & 1 & \cdots & 2 & 2 & 2 & \cdots \end{bmatrix}$$

$$Chrom2=\begin{bmatrix} 2 & 13 & 11 & 7 & \cdots & 1 & 12 & 9 & \cdots \\ 1 & 1 & 1 & 1 & \cdots & 2 & 2 & 2 & \cdots \end{bmatrix}$$

交叉片段为虚线片段,交叉后必定会出现同一类的两个轧制单元有相同的板坯号的情况,如下所示:

$$Chrom\,1' = \begin{bmatrix} 1 & 8 & 12 & 9 & \cdots & 1 & 12 & 9 & \cdots \\ 1 & 1 & 1 & 1 & \cdots & 2 & 2 & 2 & \cdots \end{bmatrix}$$

$$Chrom\,2' = \begin{bmatrix} 2 & 13 & 11 & 7 & \cdots & 2 & 13 & 7 & \cdots \\ 1 & 1 & 1 & 1 & \cdots & 2 & 2 & 2 & \cdots \end{bmatrix}$$

需要将要交叉的基因片段的板坯号,依次赋值到同类另外一个轧制单元的板坯号相同的位置上,则得到如下交叉子代:

$$Chrom\,1'' = \begin{bmatrix} 2 & 8 & 13 & 7 & \cdots & 1 & 12 & 9 & \cdots \\ 1 & 1 & 1 & 1 & \cdots & 2 & 2 & 2 & \cdots \end{bmatrix}$$

$$Chrom\,2'' = \begin{bmatrix} 1 & 12 & 11 & 9 & \cdots & 2 & 13 & 7 & \cdots \\ 1 & 1 & 1 & 1 & \cdots & 2 & 2 & 2 & \cdots \end{bmatrix}$$

(4) 基于板坯号的变异算子

轧制计划的变异算子区别于普通的变异算子,具体步骤为:对于一个体任意选取两个位置,只相互交换其板坯号,轧制单元数不变,例如对于 $Chrom\,1''$ 进行变异算子操作,流程如图 5-9 所示。

$$Chrom\,1'' = \begin{bmatrix} 2 & 8 & 13 & 7 & \cdots & 1 & 12 & 9 & \cdots \\ 1 & 1 & 1 & 1 & \cdots & 2 & 2 & 2 & \cdots \end{bmatrix}$$

$$\downarrow$$

$$Chrom\,1''' = \begin{bmatrix} 2 & 9 & 13 & 7 & \cdots & 1 & 12 & 8 & \cdots \\ 1 & 1 & 1 & 1 & \cdots & 2 & 2 & 2 & \cdots \end{bmatrix}$$

图 5-9 轧制计划变异算子流程

(5) 排序算子

经过交叉、变异后,很有可能每个轧制单元(板坯宽度)组成结构呈现的不是"乌龟壳"形状,因此需要对于每个轧制单元重新排序。同理对于每个轧制单元,将第 1 位的板坯设为整个轧制单元板坯宽度最小的板坯,则第 1 位基因设为板坯宽度最小的板坯号;将第 8 位基因代表的板坯号设为板坯宽度最大的板坯号(因为第 8 位代表着烫辊材的结束)。其他位置,第 1~8 位基因设为板坯宽度依次增大的板坯号;第 $8 \sim Q_i$ 位基因设为板坯宽度依次减小的板坯号。

具体的轧制计划算法流程如图 5-10 所示。

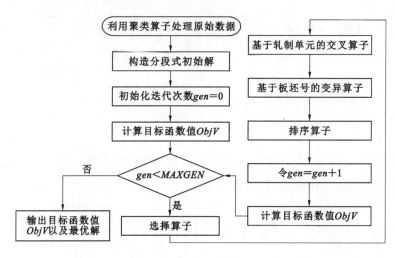

图 5-10　轧制计划算法流程

5.6　本　章　小　结

本章基于知识工程、专家系统、人工智能、生产调度等方面的技术,结合钢铁一体化生产计划与调度知识特征,总结了钢铁一体化生产智能调度模型,并以此提出基于模型规则知识的最优生产计划遗传算法,介绍了各种知识表示方法,确定了钢铁一体化生产知识的表示方法,明确了以建立知识库系统和生产计划算法库系统为手段,进一步实现以知识库系统辅助钢铁生产计划与调度,最终达到钢铁生产智能调度的目标。本章主要内容如下:

(1) 总结各种生产计划模型(包括合同计划、组炉计划、组浇计划和轧制计划模型),在此基础上对模型进行进一步的归纳和简化。

(2) 根据模型特征,提出以模型规则知识作为聚类算子的依据,将各种计划模型数据进行聚类,然后再利用改进的遗传算法编制生产计划,不仅提高了计算效率,而且增加了数据结果的可靠性。

本章建立了钢铁一体化生产计划编制系统,但是在算法设计方面,只考虑了基于模型规则知识的改进遗传算法与传统遗传算法的对比分析,没有与其他算法(例如禁忌搜索算法、蚁群算法、粒子群算法)进行比对,因而未能清楚了解改进遗传算法的效果。未来可考虑将改进遗传算法与各种生产计划智能调度算法进行比对,考虑将遗传算法与其他算法混合设计,例如遗传禁忌算法等,从而多方面大幅度地提高解决生产调度问题的效率。

参 考 文 献

[1] 杨琴，周国华. 服务资源智能调度算法及其应用[M]. 北京:科学出版社，2014.

[2] 雷崇武. 基于知识表示的钢铁生产合同计划决策支持系统研究[D]. 武汉:武汉科技大学，2015.

[3] 蒋国璋，孔建益，李公法，等. 基于 B/S 和 ASP 的连铸-连轧生产知识网系统设计研究[J]. 机械设计与制造，2007(3)：59-61.

[4] 王成. MTO-MTS 混合模式下制造企业集成计划模型与优化方法研究[M]. 哈尔滨:哈尔滨工程大学出版社，2016.

[5] 庞新富，俞胜平，罗小川，等. 混合 Jobshop 炼钢-连铸重调度方法及其应用[J]. 系统工程理论与实践，2012(4)：826-838.

[6] 陈雯柏. 人工神经网络原理与实践[M]. 西安:西安电子科技大学出版社，2016.

[7] COLOMBO F，CORDONE R，LULLI G. A variable neighborhood search algorithm for the multimode set covering problem [J]. Journal of Global Optimization，2015，63(3)：461-480.

[8] ZHANG R，WU C. A hybrid immune simulated annealing algorithm for the job shop scheduling problem [J]. Applied Soft Computing Journal，2010，10(1)：79-89.

[9] 沈显君. 自适应粒子群优化算法及其应用[M]. 北京:清华大学出版社，2015.

6 数字化钢铁一体化生产知识库系统的设计

6.1 数字化钢铁一体化生产知识库系统

数字化钢铁一体化生产知识库系统主要包括知识库和生产计划子系统两部分。知识库一方面辅助生产计划子系统解决生产计划编制问题；另一方面对动态调度案例库和规则库进行表示和存储，知识库系统能对动态调度进行案例推理或者规则推理，从而实现对钢铁生产的智能调度[1-2]。

数字化钢铁一体化生产知识库系统框架如图 6-1 所示。基于知识库的生产

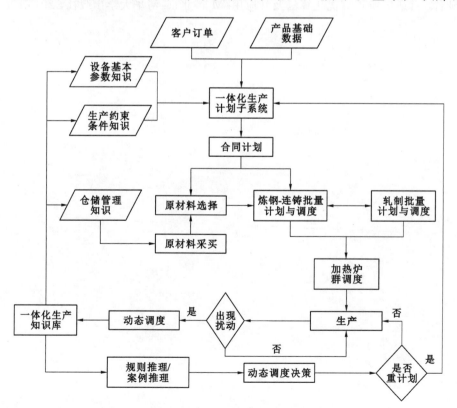

图 6-1　数字化钢铁一体化知识库系统框架

计划模型类知识、生产工艺技术类知识及生产设备类知识,利用智能优化算法编制生产计划,用于指导生产调度。在进行生产设备调度和原材料调度时,结合生产设备类知识、仓储管理类知识,进行生产设备管理以及原材料采买。若出现动态调度,系统会结合动态调度类知识,采用合适的调度策略进行重计划,进而调整生产计划与调度。

6.2 系统配置

(1) 软件配置

本系统采用的关系数据库为 Microsoft SQL Server 2008,实时数据库采用 Microsoft Access 2010,系统编程软件为 Microsoft Visual C++ 6.0,系统算法编程软件采用 MATLAB R2009a。

(2) 硬件配置

本系统采用的处理器为 Intel(R) Core(TM) i3 CPU;系统采用的安装内存 (RAM)为2.00 GB;系统采用的服务器为 HP DL388G9 775450-AA1 E5-2620V3。

6.3 系统结构

本系统的结构主要分为 5 个模块:知识编辑、知识维护、用户管理、知识库和生产计划子系统。其中知识编辑模块主要分为添加知识、修改知识、删除知识、查询知识。而知识维护模块主要是针对知识进行编辑操作后的检测工作,检测内容包括:操作后的知识是否还能维持其自身的正确性;是否能保持其知识自身的属性和特征前后一致性;操作后的知识是否包含静态调度和动态调度、过程控制以及仓储管理所有的知识,是否保持知识的完备性。用户管理模块主要包括用户等级管理和用户权限管理,具体实施机制根据用户的不同身份设置不同的等级和权限。知识库模块可以分为规则库、事实库、模型库。模型类知识主要包括生产计划模型类知识。规则类知识包含动态调度类知识、生产工艺技术类知识。事实类知识可以进一步分为仓储管理类知识、生产参数类知识和生产设备类知识。详细的功能模块信息如图 6-2 所示。

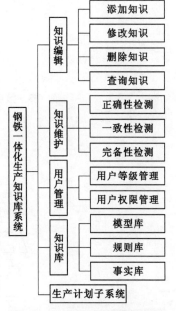

图 6-2 数字化钢铁一体化生产知识库系统模块结构

6.4　系统数据库表设计

（1）数据库表的关系设计

数字化钢铁一体化生产知识库系统的智能调度数据库表和仓储管理数据库表的关系图分别如图 6-3、图 6-4 所示，根据这些表之间的关系设计数据库表。图 6-3 表示当接收到客户订单后，根据设备信息、生产计划模型、仓储管理信息以及动态调度案例库等数据知识信息，完成数字化钢铁一体化生产智能调度。图 6-4 表示依据仓储管理信息与安全库存模型数据信息，建立生产一体化计划与调度中具体的仓储管理实施机制。

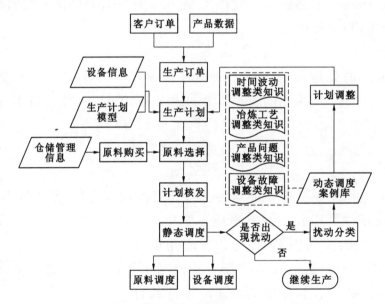

图 6-3　数字化钢铁一体化生产智能调度数据库表关系图

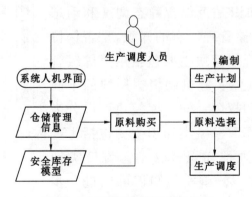

图 6-4　仓储管理数据库表关系图

（2）数据库表设计

按照数据是否为固定参数，将数据分为静态数据和动态数据。

① 静态数据，包括用户数据、生产设备数据、生产工艺技术数据、生产计划模型基本参数、产品基本参数等。

② 动态数据，包括仓储管理类数据、生产参数类数据、动态调度数据、生产计划结果数据。

按照数据的具体属性，将数据分为生产计划类数据、规则类数据、事实类数据。

① 生产计划类数据，包括生产计划模型类数据、生产计划结果类数据以及模型规则。模型类数据主要为生产计划模型基本参数。模型类数据主要作为模型知识中常用参数的具体设置数据、整个模型特征数据储存在数据库表中。而详细的模型知识主要利用 MATLAB 程序进行表达和储存。模型规则主要是模型要满足的一些约束规则。

② 规则类数据，包括动态调度类知识、生产工艺技术类知识。动态调度类知识主要作为动态调度案例库存储历年来动态调度过程中生产调度人员的优秀的经验知识，为动态调度做技术支持。而生产工艺技术类知识主要存储每道工序的工艺技术（包括工序原料、工序产品、每道工序包含的子工序、工序设备、工序生产中注意事项以及每道工序包含的控制模型名称）。

③ 事实类数据，包括仓储管理类数据、生产参数类数据、生产设备类数据。仓储管理类数据主要包含原材料的进库、出库数据以及安全库存数据。生产参数类数据主要包括生产过程中出现的一些生产指标参数，包括钢水温度、生产时间、物流时间等。生产设备类数据包括从炼钢到轧制过程中所有的主要生产设备的具体参数。

系统的数据库表清单如表 6-1 所示。

表 6-1　数据库表清单

表名	备注
tb_Client information	客户信息
tb_Production equipment data	生产设备类数据
tb_Product parameter table	产品基本参数表
tb_Production technology data	生产工艺技术类数据
db_Production planning model parameter data	生产计划模型基本参数数据
db_Production planning result data	生产计划结果类数据
db_Production planning model rule	生产计划模型规则

续表 6-1

表名	备注
ds_Product problem adjustment case	动态调度产品问题调整类案例
ds_Smelting process adjustment case	动态调度冶炼工艺调整类案例
ds_Time fluctuation adjustment case	动态调度时间波动调整类案例
ds_ Equipment failure adjustment case	动态调度设备故障调整类案例

6.5　考虑动态调度和安全库存的一体化生产知识库系统

6.5.1　多扰动条件下的动态调度

（1）扰动分类

在钢铁生产过程中,将合同计划所确定的生产合同按照工艺路线、技术条件、设备的作业要求批量组合优化并预定其生产设备和作业时间,整个流程为静态调度。简而言之,在既定的合同下,编制合同计划和批量计划,整个车间按照合同计划和批量计划生产的过程就是静态调度过程。

动态调度是指在生产运行过程中发生例如铁水供应波动、时间偏差、钢水成分偏差和温度波动等扰动时对原有生产计划进行动态调整,以保证生产稳定。而这些扰动主要包括四大类:时间波动类、冶炼工艺类、产品问题类和设备故障类扰动。其中每类扰动又可以继续细分为许多小类,如图 6-5 所示。

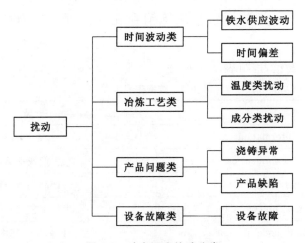

图 6-5　动态调度扰动分类

（2）基于规则和案例混合推理的数字化钢铁一体化生产动态调度

目前常用于解决数字化钢铁一体化生产动态调度问题的几种方法如下:基于

准时制思想（JIT，Just in Time）、基于案例推理方法（CBR，Case-base Reasoning）[3-4]、基于专家系统方法、基于神经网络方法、基于 Multi-Agent 的调度方法以及基于规则推理方法。基于规则推理的方法作为最简单的解决动态调度问题的方法，在以往的钢铁生产动态调度专家系统中被广泛应用，特别是解决单一属性动态调度问题，十分高效。例如当精炼将要结束但钢水温度未达到进入下一工序的温度的时候，则可延长钢水精炼时间。其属性只有温度这单一属性，因此采用规则推理十分简捷。

但是对于多属性问题采用基于案例推理的方法会更加合适，因为案例一般是采用框架表示法进行表示。每个框架就代表一类扰动案例（例如时间扰动），而每个框架又由许多槽组成，槽的底层是侧面。用槽代表问题，而侧面代表问题的各个属性，因此各个槽就可以代表同一类扰动的各种问题。而且案例推理方法能以最简捷的方式建立新的案例，使得案例更新与维护更加容易，能模拟领域专家的思维模式求解动态调度问题，从而对传统的推理方式进行补充，因此本书主要采用以案例推理为主、规则推理为辅的混合推理方法解决钢铁生产动态调度问题。混合推理流程如图 6-6 所示。

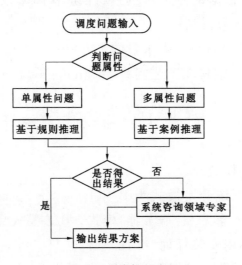

图 6-6　混合推理流程

而基于案例推理解决钢铁生产动态调度问题的先决条件就是要建立案例库，通过在钢铁生产知识库系统中构建案例库，表示和存储历年来由钢铁领域专家和高级工程师积累的钢铁生产动态调度案例类知识。当出现扰动时，生产调度人员即可根据具体扰动情况通过人机交互进入知识库系统，若是多属性问题，则采取案例推理方法进行推理得到调度方法。生产调度人员根据相应的调度方法进行如设备替换、生产计划更改等调度和调整。如若出现需要进行生产计划调整的情况，生产计划系统会结合相应的案例知识、库存知识、计划模型知识进行相应的重计划。

6.5.2　考虑安全库存的仓储管理

对于任何一个制造型企业而言,实现企业利益最大化的生产方式之一就是精益生产。而精益生产的核心之一就是追求零库存,但是钢铁制造业是面向订单生产的,而且其订单都是小批量、大批次的,正常情况下钢铁厂每月都可以接收大量订单。面对如此多的订单,不可能做到零库存,但是库存量也不能太多,针对如何使得库存保持在一个合适的安全值,钢铁领域专家提出了"安全库存"概念。

对于钢铁制造业而言,时而会出现临时客户订单插单、客户追加订单或者供应商因为物流意外等多种原因而未能按时交货等情况,企业为了满足客户需求,使得生产顺利进行而设定了库存。一般情况下,钢铁成品从选矿到热轧、冷轧成型大约需要 3 d 或者 4 d。因此设定生产循环时间为 4 d,即为 $4/30 \approx 0.13$ 个月。数字化钢铁一体化生产安全库存模型为:

$$SS_m = \xi \delta_{DDm} \sqrt{0.13} = 0.36 \xi \delta_{DDm} \tag{6-1}$$

式中　m——钢材种类代号,$m \in \{1, 2, \cdots, N\}$;

　　　　ξ——安全因子,根据钢种为 m 的钢材供应保障率以及单位时间钢材 m 的市场需求函数得到;

　　　　δ_{DDm}——第 m 种钢材每天需求量的平方差;

　　　　DDm——第 m 种钢材在工艺实验(technologies trial)期间的市场需求量。

6.6　以 MFC 为主的知识库系统开发技术

(1)浏览器/服务器模式

现如今,最主要的系统开发模式为 B/S(Browser/Server,浏览器/服务器)模式和 C/S(Client/Server,客户机/服务器)模式。B/S 模式最大的优点就是可以在任何地方进行操作而不用安装任何专门的软件。只要有一台能上网的电脑就能使用,客户端零维护。系统的扩展非常容易,只要能上网,再由系统管理员分配一个用户名和密码,就可以使用了。甚至可以在线申请,通过公司内部的安全认证后,不需要人的参与,系统可以自动分配给用户一个账号使其进入系统。总体来说,B/S 模式有以下特点:

第一,维护升级方式简单。目前,软件系统的改进和升级越来越频繁,而 B/S 模式的产品明显体现出更为方便的特性。对一个稍微大一点的公司来说,系统管理人员如果需要在几百甚至上千部电脑之间来回奔跑,效率和工作量是可想而知的,但使用 B/S 模式的软件只需要管理服务器就行,所有的客户端只是浏览器,不需要做任何的维护。无论用户的规模有多大、有多少分支机构,都不会增加任何维护升级的工作量,所有的操作只需要针对服务器进行;如果是异地操作,只需要把服务器连接专网即可,实现远程维护、升级和共享。

第二,成本降低,选择更多。现在的趋势是使用 B/S 模式的应用管理软件,只需将其安装在 Linux 服务器上即可,而且安全性高。而服务器操作系统的选择是很多的,不管选用何种操作系统都可以让大部分人使用 Windows 作为桌面操作系统电脑不受影响,这就使得 Linux 快速发展起来,Linux 除了操作系统是免费的以外,数据库也是免费的,因此成本显著降低。

第三,服务响应更加及时。由于 C/S 模式软件的应用是分布在各个节点上的,需要对每一个使用节点进行程序安装,所以即使非常小的程序缺陷都需要很长的时间重新部署。为了保证各程序版本的一致性,必须暂停一切业务进行更新。而 B/S 模式的软件不同,其应用都集中于总服务器上,各应用节点并没有任何程序,一个地方更新则全部应用程序更新,可以做到快速服务响应[5]。

（2）基于 MFC 软件开发技术

选定 B/S 开发模式后,需要确定开发语言和开发技术。本书选择 C++开发语言,利用 MFC（Microsoft Foundation Class,微软基础类库）编写知识库系统。MFC 是一个 C++类集,该类集封装了大部分 Windows 控件和 Windows API 函数。在 Windows 环境下 MFC 不仅能为用户提供系统的框架,而且还能提供各种用于构建知识库系统的组件。使用 MFC 提供的可视化开发工具,可以使得知识库系统开发变得更加简单,缩短开发周期,提高系统运行的可靠性。

MFC 中根类、应用程序体系结构类、窗口对话框和控件类、数组列表和映像类、文件和数据库类、调试和异常类等类函数完全可以用来构建一个完整的钢铁一体化知识库系统。

（3）ADO 实现远程数据连接

知识库系统采用 B/S 模式,数据库作为储存重要系统数据的工具一般安装在服务器端,客户端是无法直接对数据库进行操作的,必须通过系统提供客户相应的权限,客户在系统中才能进行权限允许的相关数据操作。而 ADO（Active Data Object,活动数据对象）就是一种将原本分离的数据库和客户端,远程连接在一起的技术方法[6]。ADO 技术具有易于使用、高速访问数据源、可访问不同的数据源及程序占用内存少等优点。

利用 ADO 连接数据库通常有两种方法:ActiveX 控件和 ADO 对象。尽管使用 ActiveX 控件的方法较为简单,但是此种方法的效率低,不能完全发挥 ADO 访问数据库的优点。而使用 ADO 对象,程序员可以比较灵活地控制应用程序,本系统采用这种方法。

本系统主要使用 Connection、Command 和 Recordset 等 3 个 ADO 对象。通常 Connection 对象主要用于与数据源建立起连接；Command 对象主要用于操作数据库，例如插入、删除、查询数据等；而 Recordset 对象主要用于对数据结果集进行浏览和维护等操作。

当知道远程服务器的 IP 地址以及数据库名时，可在客户端利用 Connection 对象远程访问所有的数据表。这样一方面解决了以往需要通过 ODBC 配置许多数据源连接才能连接到相关的数据表，使得建立数据连接十分烦琐的问题；另一方面由于不用在客户端安装数据源，使得整个系统的安全性有了质的提升[7-9]。

6.7　知识库系统实现

（1）用户登录界面和用户注册模块

用户登录界面是用户登录系统的入口，通过验证用户的相关信息（用户名称、用户密码），对其开放与用户相对应的权限，用户拥有权限后可以操作其权限内的使用功能，如图 6-7 所示。

用户注册模块主要用于预防用户对系统进行恶意破坏，只有当用户通过注册模块进行注册后，才能拥有一个系统记录的合法账号通过登录模块进入系统，用户注册模块如图 6-8 所示。

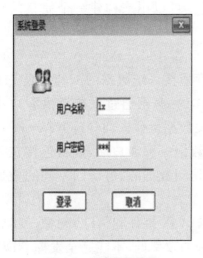

图 6-7　用户登录界面

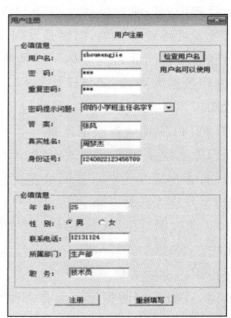

图 6-8　用户注册模块

用户注册过程中用户必须提交个人身份信息,在用户注册的同时系统将自动对身份信息,例如身份证号、姓名、年龄、联系电话等资料进行验证。通过验证后,系统会根据用户所属的部门、职务设置用户的不同等级。

（2）系统主界面

当输入正确的用户名称和用户密码后,就进入到钢铁一体化生产知识库管理系统主界面,如图6-9所示。系统主要分为"系统操作""系统维护""知识库""帮助"四个主要功能模块。系统主界面最左边为知识库系统树形结构,如图6-10所示,点击各个树形结构的节点就可以看到完整的树形结构图。

 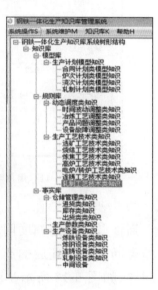

图6-9　系统主界面　　　　　　　　　图6-10　知识树展开

（3）用户管理

知识工程师作为钢铁一体化生产知识库管理系统的管理员,可以根据具体要求修改普通用户的权限,除此之外还可以修改和删除用户的相关信息。而且本模块只对于系统管理员可见,对于普通用户不可见。另外,系统将用户的相关信息（包括用户名、用户密码等信息）存入后台数据库,并且对数据库进行加密设置,防止用户信息泄漏,保证系统安全性,如图6-11所示。

（4）基于安全库存的仓储管理

用户通过"仓储管理模块"每日查询当前库存信息,包括原材料（铁矿石、焦炭等）与产品信息（合金结构钢、轴承钢以及低合金钢等）,调用安全库存知识和当前订单的需求,经过推理提出是否需要进货的建议。如果需要进货,则系统会预测一个进货数值,供用户参考。通过查询,也可知道今日的产品出货量,如图6-12所示。

图 6-11　用户管理　　　　　图 6-12　仓储管理

（5）动态调度

当涉及的动态调度问题的属性单一时，应选择利用规则推理解决问题。例如产品类问题中热轧后的产品次品率与轧辊是否更换或者是否调整轧制计划的关系问题，如图 6-13 所示。图中表示的问题为经热轧后产品的次品率达到 12%，则经过规则推理，采取"调整轧制计划，使得板坯厚度跳动减小"的策略。

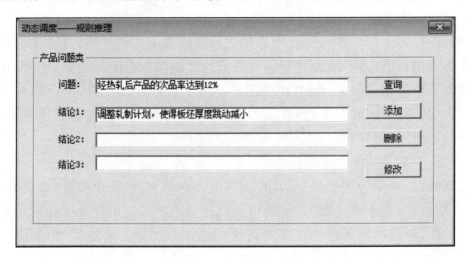

图 6-13　产品类问题规则推理

当遇到多属性问题（例如设备故障类问题、时间波动类问题或者冶炼工艺类问题)时,需要进行案例推理,如图 6-14～图 6-16 所示。

图 6-14 表示当 LD1 出现故障,而 LD1 上又有需要加工的工件时,应该采取"将 LD1 上的工件移动到 LD3 上"的策略。

图 6-15 表示当 LD2 时间命中过早,而其后的加工设备为 RH1 时,应该采取"Delay on LD2,hurry on RH1"的策略。

图 6-16 表示当 LD1 的钢水温度不足的偏差程度为过低,而其后的加工设备为 KIP 时,应该采取"采用 CAS-OB 精炼法或者 RH-OB 精炼法"的策略。

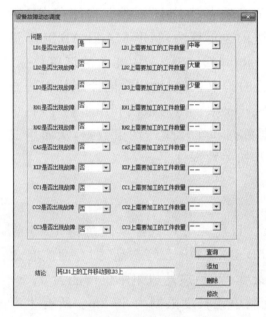

图 6-14　设备故障类问题案例推理

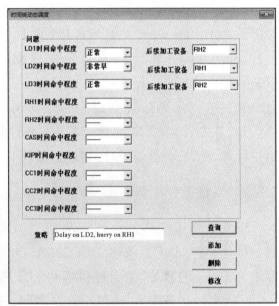

图 6-15　时间波动类问题案例推理

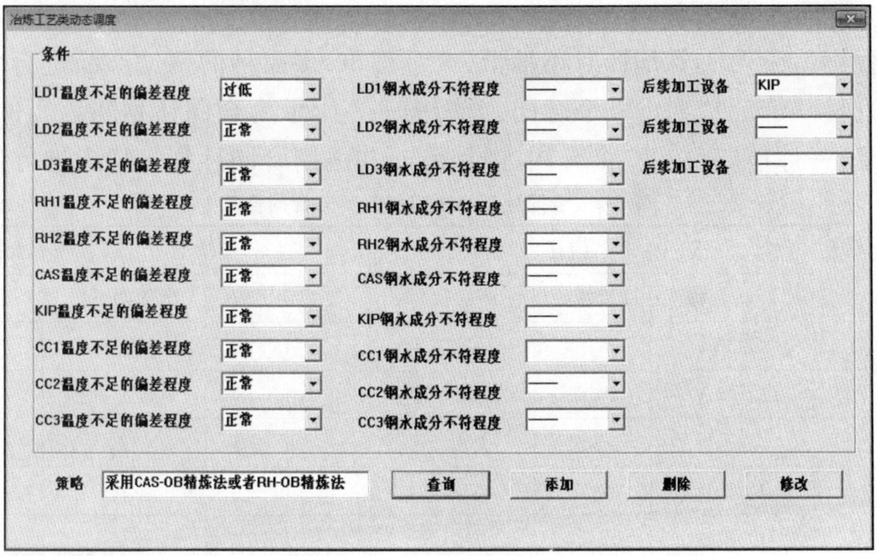

图 6-16　冶炼工艺类问题案例推理

6.8　生产计划子系统开发

6.8.1　系统运行

　　数字化钢铁一体化生产知识库管理系统主要根据钢铁生产订单数据,在尽可能符合实际生产要求条件的情况下,安排炼钢-连铸-轧制一体化生产计划的编制,从而实现对钢铁生产的智能调度。首先所有的生产订单数据将储存在 Microsoft SQL Server 关系数据库中,基于改进的遗传算法,利用 MATLAB 编写 M 文件,利用合同计划的 M 文件先调用 Microsoft SQL Server 中相关的订单数据,以及存储在 Microsoft Access 数据库中相关的约束条件,生成合同计划甘特图并且将相关数据结果存储在 Microsoft SQL Server 中。然后依次利用组炉计划、组浇计划、轧制计划的 M 文件,调用生产计划数据和实际生产约束数据,从而生成组炉计划、组浇计划、轧制计划的甘特图以及相关数据结果。

6.8.2　系统设计案例

　　以某大型钢铁厂的一炼厂为研究对象。目前一炼厂已经实现炼钢-连铸-轧制一体化生产,该厂主要生产 Q235A、Q235B、DX51D＋Z 等产品,拥有两座有效容量为 100 t 的转炉、三台连铸机和一条热轧生产线,热轧机组单位产能为 350～450 t/h,实际作业率在 60％～80％之间,轧制单元长度限制为 60 km。所有生产计划算法程序均运行 20 次,根据目标函数值选取最优生产计划结果。

　　(1) 合同计划设计

　　现代钢铁公司主要是针对小批量、大量订单、多品种的钢铁产品进行生产,假设在 4 月份一炼厂接到 120 个合同订单,表 6-2 所示为合同计划问题实例的部分合同信息,一炼厂要对 120 个合同进行筛选,并编制合同计划甘特图进行生产。

表 6-2　合同计划问题实例的部分合同信息

合同信息 合同编号	产品信息			交货期		合同优先级
	产品名称	订货量(t)	产品代号	交货期上限	交货期下限	优先级别
1	Q235A	55.09	A24303	1	1	5
2	Q235A	68.09	A24303	1	1	5
3	Q235B	73.7	B00150	1	2	4
4	Q235B	63.7	B00150	1	2	5
5	Q235B	53.85	B00150	1	1	5

| 合同信息 | 产品信息 | | | 交货期 | | 合同优先级 |
合同编号	产品名称	订货量(t)	产品代号	交货期上限	交货期下限	优先级别
…	…	…	…	…	…	…
120	Q235A	87.8	A24303	6	6	1

注:优先级别从 1 到 5 依次变高。交货期上限、下限中的数字 1~6 指一个月内第 1~6 个时段。

将 4 月份分成 6 个时段,每个时段为 5 d。考虑到每个时段可能会出现设备故障,因此每个时段的三个工序的设备产能信息不一,对编制合同计划造成约束。表 6-3 为各个工序时段的设备产能信息。

表 6-3　合同计划问题实例的企业设备各工序时段产能信息

工序时段	炼钢-连铸	轧制	精整	工序时段	炼钢-连铸	轧制	精整
1	1050	1020	1000	4	1020	1010	1000
2	980	1015	1010	5	1000	1040	1010
3	1000	1020	1015	6	1030	1030	1005

每个合同的生产工艺各异,由于炼钢、连铸为连续生产,可以将炼钢和连铸视为一个工序,因此实际钢铁生产主要包括炼钢-连铸、轧制、精整三个工序。表 6-4 为部分合同的产品工艺信息。

表 6-4　合同计划问题实例的产品工艺信息

合同编号	炼钢-连铸	轧制	精整
1	×	×	—
2	—	—	—
3	×	—	—
4	—	—	—
5	—	×	×
…	…	…	…
120			×

注:① 符号"×"表示不经过该工序;
　② 符号"—"表示经过该工序,而且到下一工序无时间间隔要求。

利用编制完成的合同计划的 M 文件,调用数据库中的合同信息数据表、产能信息数据表以及工艺信息数据表,运行程序,最后编制完成合同计划甘特图,并将结果储存在数据库中作为备份以便后期查看。由于设备产能有限,不可能全部接收所有生产订单,必须筛选出不符合要求(对于优先级高的客户订单,公司不但不能拒绝生产,而且得优先生产)的订单。图 6-17 为筛选后的合同计划,其中工序代号为 89、90、91、111、112、113 的工序的生产时间段被置为 0,表示这些工序代号代表的合同被筛选掉,不编入合同计划。根据合同计划数据,绘制合同计划甘特(GANTT)图,如图 6-18 所示。

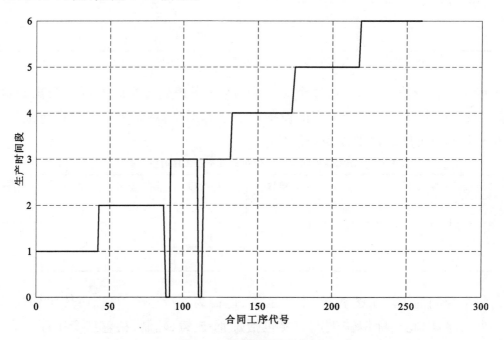

图 6-17　筛选后的合同计划

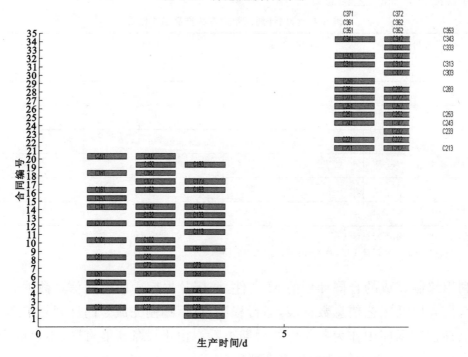

图 6-18　部分合同计划甘特图

　　由于第 3 时段的三个工序的产能分别为 520、500、560，而初步安排在第 3 时段生产的合同订单的炼钢-连铸生产总量为 531.2，因此已经超出其产能约束 520，必须剔除一些，按照先剔除优先级低的订单的原则，在剔除第 41 号合同订单（其工序号为 89、90、91）和第 51 号合同订单（其工序号为 111、112、113）的情况下，刚好合同计划满足产能要求。图 6-18 为部分合同计划甘特图。其中 C21、C22、C23 分别表示第 2 号合同订单的第 1、2、3 道工序。

　　分别利用基于知识的合同计划聚类单亲遗传算法（简称"KGA"算法）与传统遗传算法（简称"GA"算法）编制合同计划。设定合同单位提前惩罚系数 $\alpha=5$；合同单位拖期惩罚系数 $\beta=8$；热装比惩罚系数 $\chi=3$；产能惩罚系数 $\delta=150$；合同取消惩罚系数 $\phi=100$。合同计划算法程序其他参数设置如下：

MAXGEN=3500；	％最大迭代次数
NIND=100；	％个体数目
GGAP=0.9；	％代沟（Generation Gap）
XOVR=0.8；	％交叉率
XOV_F='xovmp'；	％重组函数
MUT_F='mutbga'；	％变异函数名
MUTR=0.6；	％变异率
INSR=0.9；	％插入率
MIGGEN=20；	％每 20 代迁移个体
SUBPOP=10；	％子种群数目
MIGR=0.2；	％迁移率

　　两种算法实验结果对比如表 6-5 所示。KGA 算法合同计划最优解变化如图 6-19 所示。

表 6-5　KGA 与 GA 算法合同计划仿真实验结果对比

算法	最早收敛迭代次数	平均目标函数值	最优目标函数值
KGA	1835	19446	500
GA	2792	23250	500

　　由表 6-5 可知，当迭代计算次数足够大时，利用 KGA 与 GA 算法得到的最优目标函数值相同，但是 KGA 算法比 GA 算法收敛早，而且 KGA 算法运算性能更加稳定。

　　（2）组炉计划设计

　　某日一炼厂选取第 2 时段合同计划中 16 个满足约束条件的合同，根据合同量现拟定安排 9 个炉次（其中转炉的炉容量为 100 t）进行组炉计划编制，其合同信息如表 6-6 所示。

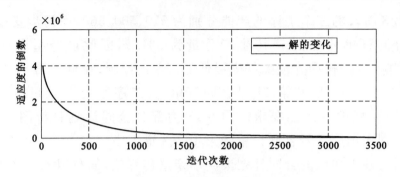

图 6-19　KGA 算法合同计划最优解变化

表 6-6　组炉计划合同信息

合同号	合同编号	钢级序列	钢级	宽度（mm）	交货期（d）	质量（t）	剩余钢坯惩罚系数	未选中合同惩罚系数
21	RZ40584301	11	DT5427A1	150	5	55.09	20	100
22	RZ40584302	11	DT5427A1	150	4	38.09	20	100
24	LZ43251000	11	DT5427A1	150	6	53.70	20	100
25	LZ43209000	12	DT5427A1	150	8	91.70	20	100
26	RZ40422000	21	AP1055E5	150	5	50.96	20	100
27	RZ40422001	21	AP1055E5	150	4	40.96	20	100
28	RZ40422003	23	AP1055E5	150	8	93.96	20	100
29	LZ43200100	21	AP1055E5	150	5	46.96	20	100
31	RZ89111100	31	GR4151E1	1350	8	91.54	20	100
32	LZ43120000	31	GR4151E1	1350	4	42.54	20	100
34	RZ10890000	34	GR4151E1	1350	8	94.54	20	100
35	LZ10890000	31	GR4151E1	1350	4	50.54	20	100
36	RZ10890000	41	AP1055E5	1350	6	58.39	20	100
37	LZ40454200	41	AP1055E5	1350	4	40.39	20	100
38	LZ43222400	45	AP1055E5	1350	8	93.39	20	100
39	LZ43456000	41	AP1055E5	1350	4	31.39	20	100

　　同样利用编制完成的组炉计划的 M 文件，调用数据库中的合同信息数据表、产能信息数据表，运行程序，最后编制完成组炉计划甘特图，并将结果储存在数据库中作为备份以便后期查看。同理，由于转炉设备产能有限，可能无法将 16 个合同都编入组炉计划，需要剔除一部分合同，剔除原理同合同计划。图 6-20 为筛选

后的组炉计划。将筛选后的组炉计划绘制成甘特图，如图 6-21 所示。其中，C125表示第 25 号合同组成 1 号炉次，由 C321、C322 可知 3 号炉次是由第 21、22 号合同组成。

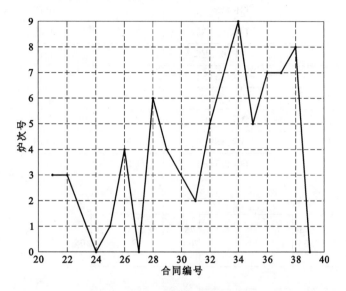

图 6-20　筛选后的组炉计划

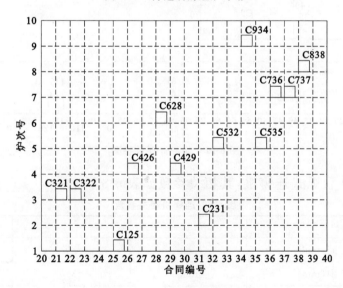

图 6-21　组炉计划甘特图

（3）组浇计划设计

在编制完成组炉计划后，将组炉计划的结果数据作为组浇计划模型参数存储在数据库中，如表 6-7 所示，共有 9 个炉次，安排 3 个浇次。系统调用组浇计划模型参数，编制相关的组浇计划，生产部下发组浇计划，进行同日的连铸生产。组浇计划甘特图如图 6-22 所示。

表 6-7　组浇计划模型参数

炉次号	钢级序列	钢级	硬度	宽度(mm)	质量(t)
1	12	DT5427A1	1	150	91.7
2	31	GR4151E1	2	1350	91.54
3	11	DT5427A1	1	150	93.18
4	21	AP1055E5	2	150	97.92
5	31	GR4151E1	2	1350	93.96
6	23	AP1055E5	2	150	93.96
7	41	AR5158E5	1	1350	98.78
8	45	AR5158E5	2	1350	93.39
9	31	GR4151E1	2	1350	94.54

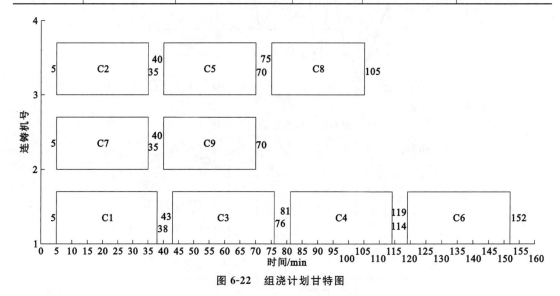

图 6-22　组浇计划甘特图

该厂拥有 3 台弧式连铸机,其相关参数如表 6-8 所示。

表 6-8　连铸机相关参数

连铸机	1	2	3
炉次浇铸时间(min)	33	30	30
浇铸宽度范围(mm)	1350	1350	1350
连铸机可用能力(mm)	1250	1250	1230
连铸机准备时间(min)	5	5	5

如图 6-22 所示,C1、C2、C3 分别表示第 1 号炉次、第 2 号炉次、第 3 号炉次。共产生 3 个浇次,浇次 1 由第 1、3、4、6 号炉次组成,在 1 号连铸机上浇铸;浇次 2 由第 7、9 号炉次组成,在 2 号连铸机上浇铸;浇次 3 由第 2、5、8 号炉次组成,在 3 号连铸机上浇铸。另外,从图 6-22 中可以看出每个浇次的生产时间,例如 1 号浇

次的 1 号炉次开始浇铸时刻为第 5 分钟,于第 38 分钟结束 1 号炉次的浇铸,第 43 分钟进行第 2 号炉次浇铸。

(4)轧制计划设计

表 6-9 所示为轧制计划模型基本参数,生产调度人员根据基本参数和轧制计划约束条件数据,编制相关的轧制计划。本系统利用基于轧制模型规则的遗传算法进行 MATLAB 编程,调用模型基本参数和约束条件数据,编制尽量符合实际生产要求的轧制计划。如表 6-9 所示,某日该厂接收到包括 Q235A、Q235B 等钢种在内的 5 种钢材总计 457 块板坯,根据板坯表面等级可知轧制单元公里数限制为 60 km,拟定生成 6 个轧制单元。

表 6-9　轧制计划模型基本参数

钢种	板坯数	宽度(cm)	厚度(cm)	硬度等级
Q235A	100	95~105	0.28~0.4	21
Q235B	178	100~110	0.3~0.35	21
DX51D+Z	109	93~110	0.275~0.3	11
St12	39	100~107.5	0.28~0.31	11
St13	31	90~108	0.3~0.45	11

轧制计划结果如图 6-23 所示,可以看出每个轧制单元的板坯宽度均符合"乌龟壳形"要求。图 6-24 所示为各个轧制单元的板坯数目,由图可知 6 个轧制单元

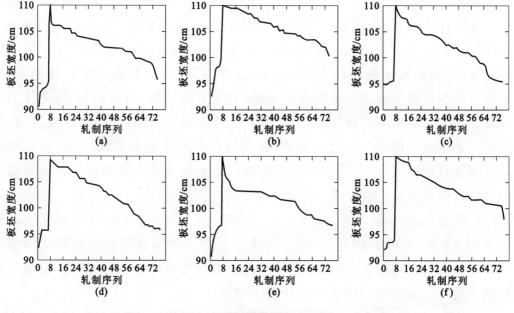

图 6-23　各轧制单元的板坯宽度

(a)1 号轧制单元;(b)2 号轧制单元;(c)3 号轧制单元;(d)4 号轧制单元;(e)5 号轧制单元;(f)6 号轧制单元

的板坯数目分别为 77、75、76、77、77、77,经过计算确定其轧制单元的总长度均小于 60 km,符合要求。

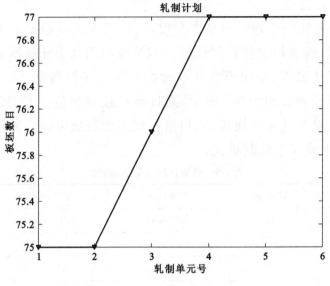

图 6-24　各轧制单元的板坯数目

6.9　本章小结

本章基于知识库系统和一体化生产计划与智能调度算法的理论研究,依据钢铁一体化生产调度过程,建立了钢铁一体化生产知识库系统,并提出该系统是由知识库和生产计划子系统两大核心模块构成。根据知识库系统中的库存数据以及模型知识,提出基于模型规则知识的改进遗传算法,最终建立生产计划系统。利用生产计划子系统编制一体化生产计划(包括合同计划、组炉计划、组浇计划以及轧制计划),然后对生产计划验证后,下发生产车间进行生产,如果出现扰动,则利用知识库对动态调度问题进行推理,依据问题的属性选择推理方式(若为单属性问题则进行规则推理;若为多属性问题则进行案例推理),进而得到正确的结论以辅助生产调度人员进行决策。本章主要内容如下:

(1) 利用 Microsoft SQL Server 2008、Microsoft Access 2010 数据库工具以及 MATLAB R2009a 算法开发平台,构建了生产计划编制系统。该系统能够根据生产订单编制合同计划,进而根据合同计划编制批量计划(组炉计划、组浇计划和轧制计划),从而实现一体化生产计划的编制。

(2) 利用 Microsoft SQL Server 2008 数据库工具以及 Microsoft Visual C++ 6.0 软件开发平台,实现基于 B/S 模式和 ADO 远程数据的连接方式,以表达各种钢铁一体化生产知识为手段,建立以解决钢铁生产仓储管理和动态调度问题为目的的钢铁一体化生产知识库。知识库和生产计划子系统共同构建了知识库系统,并成功解决了智能调度问题。

　　本系统在构建知识库模块方面,目前只完成了动态调度和基于安全管理的仓储管理模块,而生产工艺类知识管理模块暂时还未完成。

参 考 文 献

[1] 刘清雄. 基于钢铁生产混合流程知识网系统研究[D]. 武汉:武汉科技大学,2016.

[2] 刘清雄,蒋国璋,周梦杰. 基于钢铁生产知识网系统模型库及知识表达研究[J]. 机械设计与制造,2016(10):121-124.

[3] XU Y C, CHEN M. Improving Just-in-Time manufacturing operations by using internet of things based solutions [J]. Procedia Cirp,2016,56:326-331.

[4] 周梦杰,蒋国璋. 面向对象混合知识表示方法在钢铁一体化生产中的应用[J]. 现代制造工程,2016(7):30-34.

[5] 蒋国璋,孔建益,李公法,等. 基于 B/S 和 ASP 的连铸-连轧生产知识网系统设计研究[J]. 机械设计与制造,2007(3):59-61.

[6] 徐露露. 面向钢铁生产流程的调度模型库系统研究[D]. 武汉:武汉科技大学,2016.

[7] 蒋国璋,孔建益,李公法,等. 钢铁企业产品线综合生产计划模型研究[J]. 武汉科技大学学报,2006,29(6):580-582.

[8] ZHANG R,WU C. A hybrid immune simulated annealing algorithm for the job shop scheduling problem [J]. Applied Soft Computing,2010,10(1):79-89.

[9] JI W D,ZHU S Y. A filtering mechanism based optimization for particle swarm optimization algorithm[J]. International Journal of Future Generation Communication and Networking,2016,9(1):179-186.

7 数字化钢铁生产混合流程知识网系统设计

7.1 系统模块化设计

运用模块化思想构建的钢铁生产混合流程知识网系统中,存在多个子系统模块,每个子系统模块以独立存在的形式进行设计,通过相互间的联系,形成知识网系统体系[1]。它们之间是利用知识点与知识点之间的信息关联来进行链接的,在系统中构成知识网络。该知识网系统主要包括 7 个子系统模块,如图 7-1 所示。

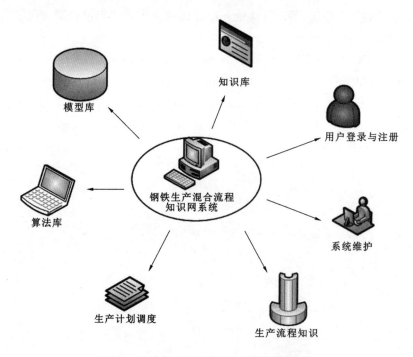

图 7-1　钢铁生产混合流程知识网系统模块

根据实际需要,将钢铁生产混合流程知识网系统划分为用户登录与注册、生产流程知识、模型库、知识库、算法库、生产计划调度和系统维护几大主要模块。

其中,生产流程知识子系统包含钢铁生产工艺流程类知识及其描述,如炼钢、连铸等。模型库子系统在钢铁生产计划与调度形成过程中匹配数学模型,同时可通过相关参数对模型进行搜索、修改。知识库子系统包括规则类知识与事实类知识,为钢铁生产计划与调度提供相应的生产信息和参数信息。知识网系统在运行过程中,依靠知识库中的知识点,将多个子系统链接集成为一个整体。算法库子系统是求解的核心,主要存储遗传算法、禁忌搜索算法等相关知识,为相应的模型提供求解算法。生产计划调度子系统是其核心部分,主要通过调用 MATLAB 动态链接库结合 COM 组件进行运算求解,最终输出结果并以甘特图的形式呈现。在这一过程中,如出现外界扰动,则会在动态调度子系统中进行反馈,重新进行生产计划与调度。系统维护子系统主要是由管理员通过操作数据库,对整个系统进行更新及优化。

钢铁生产混合流程知识网系统是以数据库系统为核心构建的,因此,其知识库、模型库、算法库、相关组件及数据信息等都是以后台数据库系统为支撑,后台数据库即数据资源层。在数据库中所存储的信息都是相对独立的,各模块通过数据访问接口,即业务逻辑层中的模块交互、联系。业务逻辑层中的模块分为两大类:信息管理模块和智能求解模块。信息管理模块是智能求解模块的基础,同时智能求解模块对信息管理模块产生反馈响应,各模块以既相互独立又相互联系的方式集成为知识网系统体系。

7.2 知识库设计

7.2.1 数字化钢铁生产流程知识库架构

知识库(Knowledge Base)是知识工程中的一个概念[2],就是运用不同的知识表示方法将目标领域内的事实类、规则类知识存放在存储器中,通过对知识点的管理和组织,使之相互产生某种关联,形成知识集群,经过推理判断来解决领域内的专业问题。由于知识工程的发展以及企业需求的增加,固定模式的知识库无法满足用户体验,智能化开始成为主要研究方向。其核心是知识获取方式,即运用一定的规则、程序,使知识库能够实现自学习、自更新的功能,从而解决专家经验以外的复杂问题。

对知识库的相关探索多集中在专家系统的设计研究中,但是由于目前大多数的专家系统中的知识库与推理机都是针对一个特定的系统或固定的模式来开发和使用的,适用范围太过于单一,导致重用性差。而知识库中的推理机往往是与领域内的事实相联系的,造成知识库的移植困难,一旦脱离了事实,推理机便失去了作用。另外,知识表示方法的多样性,也对知识库的重用造成困难。

为解决传统专家系统凸显的问题,通过研究知识库的结构及其获取方式,构建钢铁生产混合流程知识网系统知识库子系统。该系统主要考虑了两类知识:规则类知识和事实类知识。其中,规则类知识包括生产工艺类知识和动态调度类知识;事实类知识包括仓储管理类知识、生产参数类知识和生产设备类知识。该系统主要结构如图 7-2 所示。

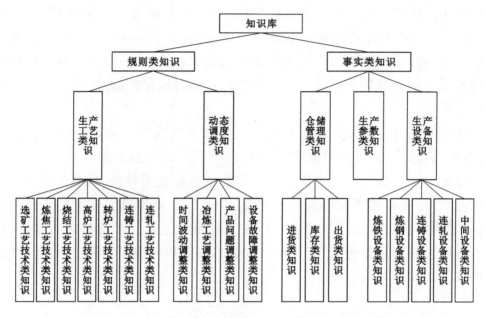

图 7-2　钢铁生产混合流程知识网系统知识库子系统架构

钢铁生产混合流程知识网系统知识库子系统中包含了钢铁生产分类知识体系、生产计划信息、决策规则信息等。系统知识库以后台数据库为支撑,为满足其与用户更好的交互性,促进知识库中知识点的动态管理,采用一种分级索引模型对知识进行组织,分级索引模型有利于系统在语义上对用户的需求信息进行扩充。知识库获取用户最新的需求信息,通过某种或多种学习手段,得到需求表达式,并赋予一定的知识权重,对自身知识点进行更新、扩充,从而使知识库中的知识点总是以最新、最先进的方式呈现,实现自我更新。

7.2.2　知识获取方式

知识获取一般归纳为自动和非自动两种方式[3],非自动获取方式就是利用人机交互形式,将已有的知识运用某种知识表示方法存储到知识库中,其中包含了领域内的理论、定义及相关常识性的知识,最为常见的是根据领域专家的经验所得的启发式知识。例如要获得高炉的操作知识,则必须先找到许多熟练的操作人员,提取他们的经验知识,并通过解释、翻译、整理、分类,最后形成所需的知识点。其过程如图 7-3 所示。

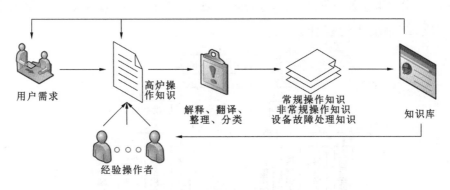

图 7-3　高炉操作知识获取过程

自动知识获取则是主要借助于自然语言处理技术,针对文本类型的信息源,通过语法、语义分析,推导文本内容属性,抽取与领域相关的语义实体及其关系,实现知识获取。知识库子系统运用自动获取和非自动获取两者相结合的方法获取知识。系统通过获取知识源,对知识源进行理解、归纳、翻译,形成新的知识点后存储到知识库中,在实际运行时,对新知识点做出评判并反馈给用户,直至新的知识点得到完善。

用户可以根据自己的相关领域需求,对知识库中相关部分进行管理。但对于已在实际生产中广泛验证的科学体系结构,不允许进行操作,只可查询运用。同时,在相关知识的新增过程中,系统会辨识知识信息,形成反馈。根据相应的知识点的权重,将新知识归纳并存储到知识库中。因此,知识库便会根据实际用户需求进行更新。

7.3　模型知识化表示及模型库设计

7.3.1　模型库构架

模型库是钢铁生产混合流程知识网系统的重要组成部分,它主要是提供模型的存储以及表示方法的子系统。同时,也伴随着模型的修改、增删、选择与组合等操作。由于钢铁生产的过程是分段连续、间歇性的,且钢铁企业的生产计划已经由传统的基于单个工厂(如炼钢一厂、轧钢二厂)的编制发展成为对炼钢-连铸-连轧整个过程的编制。因此,在这一过程中所运用与涉及的模型是复杂多变的。面对各种不同环境和生产状况、模式,选用何种模型是决定整个计划编制合理与否的关键。为满足实际需求,将模型库分为静态管理与动态管理模块,模型库子系统结构如图 7-4 所示。静态管理便于对模型库进行维护与更新;动态管理则是模型库核心部分,其主要功能是自动匹配模型,而在这一过程中,包含子模型筛选、组合、生成、结果输出等操作。

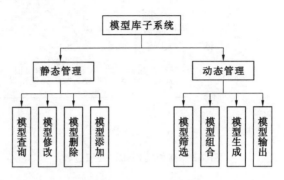

图 7-4　模型库子系统结构

在钢铁生产混合流程知识网系统中,把知识工程的理念运用于模型管理中,从而实现模型管理的动态性原则,使系统中的模型库完整化、智能化。其做法是将系统中模型符号化,通过相应的映射关系来反映问题之间的具体联系。同时,也能使得决策者的认知行为得到实现。依据对应问题的描述与需求,模型的选择、修改、增删、重构以及组合等功能得以实现。

7.3.2　模型知识化表示

模型知识化的方法有很多,如以一阶谓词表示的模型、以语义网络为基础的模型、基于框架的模型知识表示等[4-5]。由于钢铁生产过程中所涉及模型是极其复杂的,因此,本书采用基于框架的模式对模型的知识化进行描述。将原始数学模型分解转化为子模型,每种模型都层次分明(父与子关系),从而大大减少模型知识的冗余度。

假设所需数学模型为 $M(t)$,对其进行细化,用一个五元组来表示,即:

$$M(t) = \{X, Y, F_{x \to y}, B_f, E_m\}$$

其中,X、Y 分别表示模型的输入与输出;$F_{x \to y}$ 表示模型的输入与输出之间转换映射的关系;E_m 表示该数学模型的约束条件、适用范围或模型相关领域知识;B_f 则表示 $F_{x \to y}$ 的映射或转换关系的可信度。

以钢铁生产计划问题的典型数学模型为例:

$$\min f(x) = \sum_{i=1}^{N} \left[Q_i \alpha \max \left(\sum_{t=1}^{T} (a_i - t) X_{ijt}, 0 \right) + Q_i \beta \max \left(\sum_{t=1}^{T} (t - b_i) X_{ijt}, 0 \right) \right]$$

$$(7-1)$$

$$\sum_{i=1}^{N} X_{ijt} Q_i \leqslant C_{jt} \quad j=1,2,\cdots,J; t=1,2,\cdots,T \qquad (7\text{-}2)$$

$$t_{i,j-1} \leqslant t_{i,j} \quad i=1,2,\cdots,N; j=1,2,\cdots,J \qquad (7\text{-}3)$$

变量说明：

N——合同数量；

J——工序数；

T——计划期；

Q_i——合同 i 的订货量；

C_{jt}——工序 j 在时段 t 的额定产能；

$[a_i, b_i]$——合同 i 的交货期窗口；

α——合同单位重量提前惩罚系数；

β——合同单位重量拖期惩罚系数。

决策变量定义为：

$$X_{ijt} = \begin{cases} 1 & \text{合同 } i \text{ 在工序 } j \text{ 的 } t \text{ 时段生产} \\ 0 & \text{否则} \end{cases}$$

$$i=1,2,\cdots,N; j=1,2,\cdots,J; t=1,2,\cdots,T$$

其中，i 表示合同号，j 表示工序段，t 表示时间段。

为便于对模型进行描述，可将式(7-1)简化为：

$$F(i,j,t) = \min f(x) = \sum_{i=1}^{N} [F_1(i,j,t) + F_2(i,j,t)] \qquad (7\text{-}4)$$

其中：

$$F_1(i,j,t) = Q_i \alpha F_3(i,j,t)$$

$$F_2(i,j,t) = Q_i \beta F_4(i,j,t)$$

$$F_3(i,j,t) = \max\left(\sum_{t=1}^{T}(a_i - t)X_{ijt}, 0\right)$$

$$F_4(i,j,t) = \max\left(\sum_{t=1}^{T}(t - b_i)X_{ijt}, 0\right)$$

将式(7-1)简化之后，抛开了其具体的物理意义，用模型的框架网络形式来表示，即 $F_1(i,j,t)$、$F_2(i,j,t)$、$F_3(i,j,t)$、$F_4(i,j,t)$ 仅表示一种函数名，与具体合同的交货期、工序段等没有实际联系，只有在完成组合之后，模型才重新具有式(7-1)的物理意义。分步抽象其输入、输出变量，因为其参数失去了本身物理意义，即用一种简化的函数符号来表示：$f(x \rightarrow y)$。具体表示如表 7-1、表 7-2、表 7-3所示。

表 7-1　$\min f(x)$ 的模型框架

模型名	$F(i,j,t)$
父模型名	Null
子模型名	$F_1(i,j,t),F_2(i,j,t)$
输入参数	i,j,t,N
输出参数	$\min f(x)$
关系符号	$\text{sum}:[F_1(i,j,t),F_2(i,j,t)]$
限制条件	$\sum_{i=1}^{N} X_{ijt}Q_i \leqslant C_{jt}, t_{i,j-1} \leqslant t_{i,j}$
背景知识	Null
适用范围	Null

表 7-2　子模型 $F_1(i,j,t)$ 的框架

模型名	$F_1(i,j,t)$
父模型名	$F(i,j,t)$
子模型名	$F_3(i,j,t)$
输入参数	i,j,t
输出参数	$F_1(i,j,t)$
关系符号	$*/*:[Q_i,\alpha,F_3(i,j,t)]$
限制条件	$t_{i,j-1} \leqslant t_{i,j}$
背景知识	Null
适用范围	Null

表 7-3　子模型 $F_2(i,j,t)$ 的框架

模型名	$F_2(i,j,t)$
父模型名	$F(i,j,t)$
子模型名	$F_4(i,j,t)$
输入参数	i,j,t
输出参数	$F_2(i,j,t)$
关系符号	$*/*:[Q_i,\beta,F_4(i,j,t)]$
限制条件	$t_{i,j-1} \leqslant t_{i,j}$
背景知识	Null
适用范围	Null

由此可以看出,在复杂的生产计划问题模型管理中,各个子模型依靠纵向和横向、父模型与子模型之间的联系,在模型库内部构成模型框架网络。

7.3.3　知识化模型库学习机制

知识化模型库的学习[6]包括两个方面:通过外部直接获取成熟的、可信的模型(外部学习);对已有模型的应用情况及特征进行提炼与转化(内部学习)。

外部学习又包含两方面:其一是对系统模型库的维护,不定期对模型库进行更新,积累每种模型使用的环境信息,从而归纳出环境特征,只有考虑到模型使用情境,才能体现出模型本身的物理意义对于客观规律的表现;其二是直接获得已有的成功经验。针对模型库中的子模型网络,对已在实际生产中使用过的可信度满足要求的模型,赋予更高的权重,可在下次的情境中直接输出。

内部学习一般有三种方式[7]：一是根据模型网络中的各个子模型，对模型的适用范围和约束条件进行组织，提炼出各个模型的特征，并将其转换成为知识点；二是对知识点进行升华，即使旧模型转化成为更高可信度、更完善的模型；三是在旧的模型中，对知识点进行分析扩展，各个子模型间相互融合，催生出新的模型。

7.3.4　模型选择与组合

在传统模型库的模型管理过程中，往往是通过人机对话的方式进行选择、运用。这对决策者来说是一项烦琐又艰难的任务，它要求决策者对问题的特征及要素完全掌握，同时，还要了解所有模型库中的模型的结构、适用环境等[8]。而系统自动选择模型并组合成为新模型，这种模式可摆脱决策者的困扰。系统接收合同订单，根据客户优先级别、订货量、交货期、产品信息及设备产能数据等，将合同订单进行分类统计，完成这一过程后将其存放于相应的静态数据库中。系统根据订单的分类，提取特定参数进行识别，如合同数量、工序数、合同订货量、额定产能、机组设备信息等。将这些提取的参数反映到模型库中，系统进行筛选甄别。由于模型库中的模型是以框架网络的形式进行管理，因此模型的选择存在组合匹配的问题。

假设系统模型库中一共存储了 n 个子模型，这 n 个子模型形成一个集合，可表示为 $M(M_1, M_2, \cdots, M_n)$。获取实际问题描述 (P)，每一个实际问题 P 都会存在相应的决策目标，即约束条件 X，用 (P, X) 来表示。要解决所获取的实际问题，所需求的所有模型的约束用 X_i 表示，那么，最终 M_i 会接受 (P, X) 并将各个子模型进行组合，解决问题 P。在组合的过程中，可以将 X 分为 $X_1, X_2, \cdots, X_n$，相应地把 P 分成 $P_1, P_2, \cdots, P_n$，那么每一个小部分都有相应约束条件 (P_k, X_k)，依据相应的 X_k（也可能存在多条件对应一个模型的情况），选择 M_k。最终将所得子模型进行组合得到所需模型。其主要过程如图 7-5 所示。

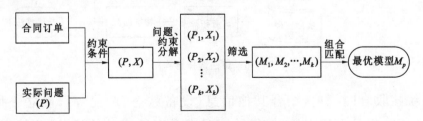

图 7-5　模型选择与组合方案流程图

框架知识化形式是与生产实际问题 P 分解为 $P_1, P_2, \cdots, P_n$ 相联系的，通过 P 的分解，对应于每个子模型 M_i，将极大提高模型的匹配精度和搜索速度，从而有利于模型组合选择出最优 M_p。子模型的搜索规则如下：

$$IF（条件 1）AND（条件 2）AND（\cdots）$$
$$THEN（模型 M_1）OR（模型 M_2）OR（\cdots）$$

即根据相应的条件所得相符模型是多对一、多对多的情况，因此，需要对搜索模型的可信度 λ 进行判定。$M_1,M_2,\cdots,M_n$ 对应 $\lambda_1,\lambda_2,\cdots,\lambda_n$，$\lambda$ 值越大，则可信度越高，则选择最大 $\lambda_i \rightarrow M_i$。以此类推，最后将 $(M_1,M_2,\cdots,M_k)$ 组合得到最优模型 M_p。

7.4　算法择优及算法库设计

7.4.1　算法择优

模型求解是钢铁生产混合流程知识网系统的核心部分，最终所得计划调度结果的优劣完全取决于算法的选择与求解的正确性。匹配对应的模型之后，根据模型特征及其问题实例，选择最优算法进行运算求解。算法的选择过程可以简化为：所描述的问题实例 $\alpha \in P$，其问题及模型特征 $f(\alpha) \in M$；确定某种映射关系 S：$f(\alpha) \rightarrow F$；最终确定所选算法 A。实际上，算法选择问题也是一种机器自学习、自适应的问题，其主要过程框架如图 7-6 所示。

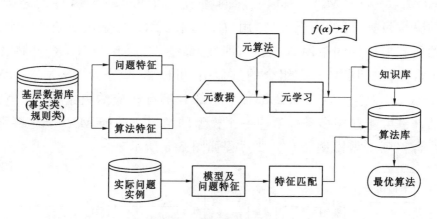

图 7-6　算法选择结构图

当系统接收合同订单，结合其他信息（设备状态、产能等），确立一种问题实例，每一种情况都是不相同的，但每种情况都会有特定的特征，这些特征（如炉次计划的计划期、合同总惩罚值最小等）形成元数据，系统内部通过相应的程序，运用元算法对所得数据进行学习，即元学习，从而得到问题特征与算法之间的映射关系，最终反映到知识库中。当有新的实际问题时，首先获取相关的模型及问题特征,然后反映到知识库、算法库,知识库、算法库获取信息并进行特征的匹配,选择最优算法并返回结果。

7.4.2 MATLAB 调用模式

MATLAB 具有交互环境,是一款用于算法开发、数据处理与分析的软件,结果的可视化输出是其显著特征之一,同时它操作灵活、应用程序接口处理方便,极大地提高了软件的开发效率。MATLAB 内部提供了大量的工具箱,功能全面,可供各种不同研究领域人员使用。在相关计算中程序员不必独自额外编制算法程序,可直接调用 MATLAB 中的遗传算法进行求解,缩短开发周期。知识网系统运用 MATLAB 的另一个特点是,它不仅有算法工具箱的支持,还能直接将结果可视化呈现,以甘特图来显示。但 MATLAB 本身作为一种解释性语言,对程序以边解释边执行的方式运行,其效率相对较低,在面向对象的应用程序开发方面更是较弱。而C♯ASP.NET是目前国际上最主流的开发平台,C♯ 是 Microsoft .NET 全新的面向对象、面向组件的高级编程语言,综合了多个编程软件的优点。与 MATLAB 相比,C♯ 是一种编译性的语言,经过编译后,程序代码转化为二进制的形式。执行速度比 MATLAB 快几倍。它也具有极好的面向对象功能,界面设计极其灵活、简单,对外部设备的控制能力强。但C♯ 的计算能力有限,特别是针对工程类问题,如求解数学模型、求最优解以及收敛性方面。因此,本书利用 MATLAB 与C♯ 混合编程,综合两大软件的优点,以C♯ ASP.NET 平台搭建主要应用程序,以 MATLAB 完成模型求解,输出结果。

钢铁生产混合流程知识网系统是根据订单合同及相关事实、参数,匹配相应的数学模型,再筛选调用最优算法对其求解,得到调度结果。在这一过程中,ASP.NET 如何调用 MATLAB 进行运算成为需解决的关键问题。

MATLAB 调用模式如图 7-7 所示。其中,浇次、炉次、轧制算法采用 MATLAB相应的算法工具编写出 M 文件,算法相关参数直接读取 Excel 表格,以便后续 ASP.NET 编程中的控制操作。M 文件编写好后,在创建 COM 组件之前,需对编译器进行设置筛选,本书采用 VS2010 软件,然后对相关的 M 文件进行编译,并生成组件。因为钢铁生产知识网系统以 B/S 模式构建,故必须对完成编译的 COM 组件打包,以便系统能够脱机运行或直接安装于总服务器中。

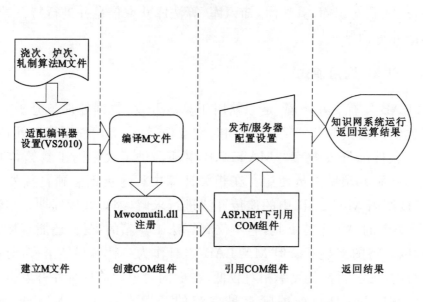

图 7-7　MATLAB 中 COM 组件调用流程图

7.5　数据库设计

7.5.1　钢铁生产混合流程知识网系统数据流

依据钢铁生产流程及其知识网系统框架,将数据分为静态数据与动态数据。按工序划分,其数据关系如图 7-8～图 7-10 所示。

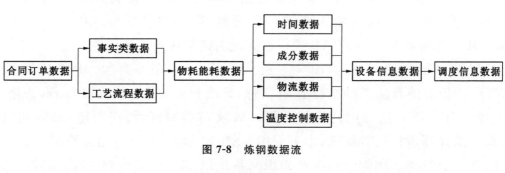

图 7-8　炼钢数据流

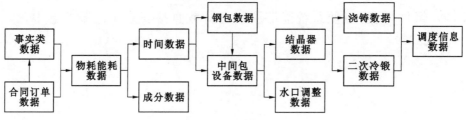

图 7-9　连铸数据流

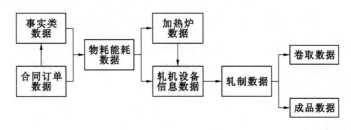

图 7-10   连轧数据流

7.5.2   系统数据表

钢铁生产计划与调度的问题实质是在规定时间内对生产板坯的计划排程问题。根据其工艺流程,以炼钢、精炼、连铸、连轧为主,对各个工序设备进行分配,同时,安排最有效的生产任务。根据系统工作过程及其数据流关系,可建立相应的数据信息表。

(1)客户表主要存放的是客户的相关信息。订单主表存放客户的合同订单记录,包括未经过筛选与分类的所有订单信息。通过系统筛选与分类之后的订单,存放于订单明细表中,订单明细表包括各类产品的明细清单、优先级等。

(2)板坯信息表和钢种表主要是为库存问题以及物料问题提供查询信息,其将对后续调度产生重要影响。生产调度时通常需要注意板坯参数(宽度、长度、厚度等),钢级和出钢记号通常是调度过程中必须考虑的。

(3)设备表、时刻表和工艺流程表记录的是各工序设备的属性信息,如功能、状态及加工操作顺序等。其中也包括各台设备间的物流时间、工作时间。设备表存储设备名称与编号、设备产能、设备工作状态情况等。时刻表实际是各台设备间的运输时间表,主要是记录运输号和各台设备间的运输时间。

(4)炉次信息表、浇次信息表、轧制信息表,主要是在系统调用相应的算法后,用来存储相应的结果信息。

(5)预调度表主要是存放将筛选的订单、具优先权的订单进行初步归类分析后的结果信息。预调度表相当于静态调度计划,通过板坯信息、订单信息和设备信息安排初步生产计划,在执行调度前,按照规定给出出钢记号。执行调度表存储实时调度信息,包括调度号、炉次号、浇次号、轧制号及出钢记号。生产过程主要依赖于执行调度表来控制,表中信息的变化直接影响整个生产组织的平衡。

(6)算法表存放各种不同的算法信息。在系统工作过程中,它将会根据不同的情况和模型,选择最优算法进行运算求解(如遗传算法等)。同时,表中记录了算法描述及程序,为决策提供参考。

(7)工序信息表存放每道工序的工艺参数与设备信息及其之间的关系。它为生产计划与调度的形成提供数据支持,同时,平衡检修计划与生产作业计划,在新的需求改变工艺路线或更换设备时,以此信息表为依据。

（8）调度结果表存放最终的调度信息。在系统运行结束后,所有炼钢-精炼-连铸-连轧过程中的设备及工序的调度都以此表为依据,在操作人员对甘特图进行修改时,此表会自动进行相应的修改。

7.5.3　数据表关系

由于钢铁生产过程一般概括为炼钢、精炼、连铸和连轧四个主要流程,且具有产品多样性、工艺复杂性、过程分段连续、生产能力集中和组织灵活等特点,所以要使知识网系统实现生产计划与调度,指导生产,各数据表之间必须通过相互关联来实现其完整性,如图 7-11 所示。

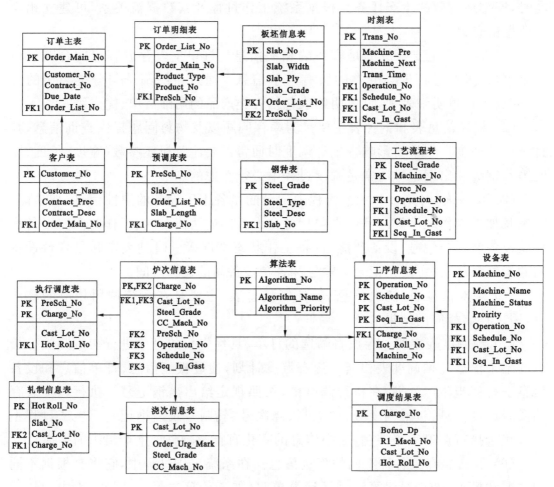

图 7-11　数据表关系

7.6　本　章　小　结

本章根据钢铁生产混合流程的特点及对其知识网系统体系的探究,运用模块化的思想,设计了系统中包括知识库、模型库、算法库和数据库在内的几大核心模块,并阐述了各模块间的关系。结合知识工程的理念,对知识库与模型库采用了知识化的解决方案,并运用元学习思想构建了系统算法库。依据系统需求与整体功能的分析,建立了后台数据库系统。本章主要内容如下:

(1)提出了数字化钢铁流程及其知识网系统的构架,设计了相应的知识库、模型库、算法库和数据库。

(2)研究了知识的获取方式、模型的知识化表示及其学习机制,提出了基于元学习思想的算法选择方案,解决了多种模型求解的问题。

(3)钢铁生产混合流程知识网系统以订单合同为对象,通过实际信息特征选取最优模型并选择最优算法求解,编制的生产计划有更强的可信度。

参 考 文 献

[1] 蒋国璋,曹俊,孔建益,等. 基于轧钢生产知识网系统生产过程控制模型研究[J]. 冶金设备,2008 (6):31-33.

[2] 王玉芳,严洪森. 基于动态知识网的制造系统自适应组织方法[J]. 计算机集成制造系统,2014,20(12):3082-3090.

[3] 蒋国璋,孔建益,李公法,等. 基于 B/S 和 ASP 的连铸-连轧生产知识网系统设计研究[J]. 机械设计与制造,2007(3):59-61.

[4] 邵荃,翁文国,袁宏永. 突发事件模型库中模型的动态网络组合方法[J]. 清华大学学报:自然科学版,2010,50(2):170-173.

[5] ROSSI A L D, SOARES C,et al. Metastream:A meta-learning based method for periodic algorithm selection in time-changing data[J]. Neurocomputing,2014(127):52-64.

[6] MARTINEZ-GIL J. Automated knowledge base management:A survey[J]. Computer Science Review,2015,18:1-9.

[7] 刘清雄,蒋国璋,周梦杰. 基于钢铁生产知识网系统模型库及知识表达研究[J]. 机械设计与制造,2016(10):121-124.

[8] 徐露露. 面向钢铁生产流程的调度模型库系统研究[D]. 武汉:武汉科技大学,2016.

8 数字化钢铁生产混合流程知识网系统实现及仿真

8.1 数字化钢铁生产混合流程知识网系统开发模式

8.1.1 系统三层构架模式

B/S模式(Browser/Server,浏览器/服务器)是一种新型的以 Web 技术为基础的平台模式,在传统的 C/S(Client/Server,客户机/服务器)基础上进行了优化,将 C/S 模式中的服务器又划分为两个层次:一个数据库服务器和一个或多个应用服务器(Web 服务器)[1]。在最新的研究中,也有些学者将 B/S 模式划分为四个层次:表示层、Web 服务层、应用服务层、数据层。但 B/S 模式还是以三层结构为主。

钢铁生产知识网系统采用的是 B/S 三层架构模式:由客户端、业务逻辑层、数据资源层三层体系构成,系统框架结构如图 8-1 所示。其主要结构如下:

(1)客户端

客户端就是用户与知识网系统交互的接口部分。用户通过浏览器软件访问系统,克服了传统客户端出现的不兼容、硬件配置等相关问题。同时,由于结合了网络技术,用户能通过浏览器直接在网页上对服务器发出请求,将请求提交到后台,即 Web 服务器,通过 Web 服务器处理,用户与系统实现通过网页进行的实时交互。其相对于传统的单机模式有更强的交互功能。

(2)业务逻辑层

业务逻辑层是处理知识网系统中逻辑关系的部分,是系统内部信息转换的主体。该层的应用服务器是连接表示层与数据层的纽带,有着至关重要的作用。Web 服务器接收来自用户的请求,响应后动态生成 HTML 代码,将用户请求处理过后存储到数据库中,再将结果通过浏览器网页反馈给用户。

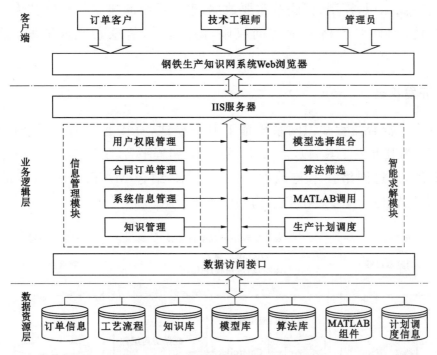

图 8-1　钢铁生产混合流程知识网系统框架

（3）数据资源层

数据资源层作为知识网系统的重要支撑，主要存储各种类型的数据表，并以数据表的关系，链接系统各个模块使之有机集成。同时，它也对数据的读写、维护等负责。通常后台数据库作为一种数据仓库存在，同时兼并着管理数据与更新数据操作功能。

用户采用直接访问浏览器的方式访问知识网系统。该系统依据相应用户身份与需求的不同，主要定义了订单客户、技术工程师、管理员三种具有不同权限的用户类型。订单客户能够对生产进度和质量进行查询、监督。技术工程师对订单合同进行查询、增删、修改等，同时是系统主要操作人员。从订货合同接收，到最终输出生产计划与调度结果的过程，由技术工程师全程控制监测。在有外界扰动（如合同变更、设备故障等）时，技术工程师能进行快速识别，做出动态调度决策。管理员则是对整个系统负责，职责包括对系统的维护与更新，以及对系统用户的管理等。

这三种用户通过界面显示层操作向服务器发送请求，应用处理层接收相应的操作请求，通过数据访问接口与基层数据库进行通信。由相关应用程序做出反应，进行用户权限的分配、订单合同的处理、系统信息的管理等，同时对相关的参数进行识别匹配，得到所需数学模型以及针对事实的最优算法，最终以生产计划与调度信息为结果反馈给用户[2]。在这一过程中，数据资源层存储有关用户信息、订单信息、知识、模型、算法等重要数据,整个系统的建立是在以其为支撑的架构下完成的,因此要严格控制访问权限,防止数据信息紊乱或泄漏,影响生产效益。

8.1.2　开发平台

钢铁生产混合流程知识网系统基于 B/S 模式,直接通过浏览器进行访问,采用 VS2010 为其开发工具,以C♯ ASP. NET 为编程平台,SQL Server 2008 为系统基层数据库,通过网络技术与数据库访问技术,结合 MATLAB 与C♯的混合编程,开发系统原型。ASP. NET 结构如图 8-2 所示。

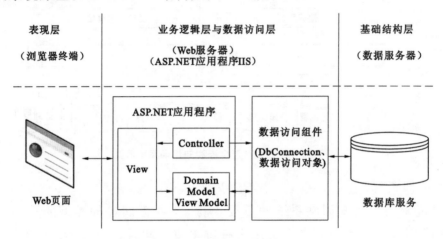

图 8-2　ASP. NET 结构图

ASP. NET 是运用分级式的架构,以字符为基础的平台。在执行过程中,新的设置不需要启动本地的管理员工具来实现,只需要直接读取文本工具,因为配置信息直接保存到文本中。ASP. NET 能够适应多处理器的环境,作为多处理器的开发工具,并且它在多处理器环境下能做到无缝连接,大大提高运行速度。

相比于原始 ASP 而言,ASP. NET 具有以下三个优点:

(1)兼容性强。开发过程中,即使 ASP. NET 应用软件是为一个处理器而设计的,在不需要做任何改变的情况下,也可直接转接到多服务器运行,而传统的 ASP 做不到这一点。ASP. NET可同时兼容多种编程语言。

(2)速度快。ASP. NET 语言在运行之前,程序已经过编译,只需按层次读写,而 ASP 则是采取边解释边运行的模式,后者运行速度较慢。由于 ASP. NET 与多种编程语言兼容,因此能选择更为快捷的方式创建应用程序。

(3)智能性高。ASP. NET 可以加入用户自定义的组件,这有别于传统的 ASP 的包含关系。另外,ASP. NET 对 Microsoft. NET Framework 的版本没有要求,能自动在多个版本之间相互转换,这有利于开发人员创建应用程序时使用其他编辑器与 ASP. NET 同步工作。在 Web 网页开发过程中,开发人员可以直接将控件拖到 Web 窗体中,也完全支持集成调试。用户也可对配置系统根据程序需求进行自定义设置,如 Web 窗体镶嵌 Form,或者 Web 窗体和 XML Web Services 结合。

8.1.3 数据库访问技术

系统基层的数据库建设是钢铁生产混合流程知识网系统的重要支撑部分,大量动态数据之间的交互性以及静态数据存储的可靠性等是数据库设计过程中的关键问题。基于 ASP. NET 平台搭建的系统,考虑到数据存储与访问量、实时数据资源的管理等因素,采用与之匹配的 ADO. NET 方法来实现数据源的链接。ADO. NET包含了所有常用数据库的组件及丰富的类库,可以在任何平台上运行,具有极强的互用性。

由于系统是采用 Web 数据库访问形式,故系统基层的数据库设计需支持离线访问,同时,其安全性与执行的效率也是数据库设计过程中的关键问题。系统中访问数据库模块部分的代码如下:

```
Using System. Data. SqlClient;
{string constr="Server=;DataBase=;user id=;password=;";
Sqlconnection con=new sqlconnection(constr);
con. Open();
String sqlstr=sqlobj;
SqlDataAdapter sqldataadapter=new SqlDataAdapter(sqlstr,con);
DataSet ds=new DataSet();
sqldataadapter. Fill(ds);
con. Close;
Return ds;}
```

在使用 SQL Server 2008 数据库时,需增加一步操作。在 ASP. NET 网站的系统文件 web. config 中编写的简单语句如下:

```
〈connectionStrings〉
〈add name="conn" connectionString="Dserver=服务器名;database=数据库名;uid=用户名;password=密码" providerName="System. Data. SqlClient" /〉
〈/connectionStrings〉
```

8.2 系统实现及界面设计

（1）登录界面

用户通过浏览器访问系统，根据不同的用户权限，选择适合自身身份的端口进入系统。系统主要定义了订单客户、技术工程师、管理员三种具有不同权限的登录方式，其界面如图 8-3 所示。

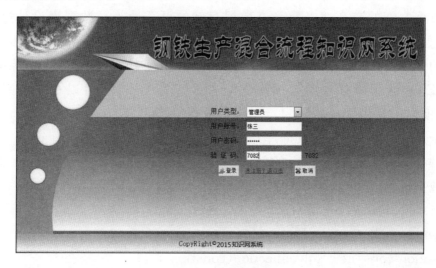

图 8-3　登录界面

钢铁生产混合流程知识网系统是钢铁企业指导生产、产生效益的核心系统，是对客户、订单和生产设备等进行控制的主要依据。而且，针对不同的用户身份，访问系统模块的权限也不相同。因此，为防止泄漏相关信息和对企业造成损失，必须对该系统进行加密处理，主要是针对数据库进行加密。

系统采用 MD5 加密算法对数据库进行加密，MD5 加密技术是将任意长度的字符串变换成为一个 128bit 的长整数。这是一种单向加密的过程，称之为不可逆的变换。也就是说，即使系统受到攻击，攻击者获得了算法的描述及源程序，也无法获得最原始的字符串。因为这种变换的不可逆性，反推回去所得到的字符串将会有无数多个。用数学上的方法来解释，即 MD5 加密算法是一种没有反函数的函数。系统利用 MD5 加密方式，将不同权限的用户分离开来，以供不同身份者访问相应的系统模块。

系统采用 ASP. NET 开发，并运用C♯语言编写，其部分代码如下：

```
using Sysmm. Security. Cryptography ；
using Sysmm. Text ；
  protected void Button1_Click(object sender，EventArgs e)
```

```
{       byte[]bt＝UTF8Encoding. UTF8. GetBytes(textBoxl. Text);
        MD5CrTptoServiceProvider objMD5;
        objMD5＝new MD5CryptoServiceProvider ();
        byte[]output＝objMD5. ComputeHash(bt);
        textBox2. Text＝BitConverter. ToString(output);
}
```

（2）系统主界面

用户由登录界面验证通过后，进入到主界面中，这个界面介绍了系统的相关信息以及系统工作模式等。同时，也提供了系统中各个模块的菜单项链接，如钢铁生产流程知识、模型库、生产计划、生产调度等。用户进入不同的子系统中，根据自身所属权限范围进行操作。其界面如图8-4所示。

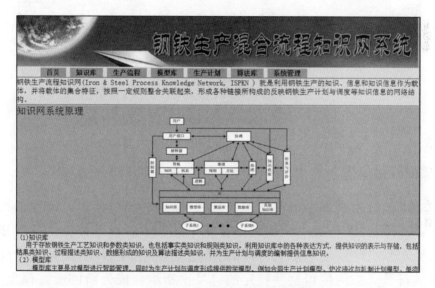

图8-4　钢铁生产混合流程知识网系统主界面

（3）订单管理

订单管理模块的主要任务包括合同订单的添加、删除、查询和修改，具有相应权限的用户直接在浏览器中对订单进行操作。根据合同订单的关键字，以及合同编号、产品代号、订货量、优先级别等对订单进行查询和修改。订单管理模块还需完成合同的分类、筛选工作，从合同库中分出正在生产合同、准备生产合同和未生产合同。准备生产的合同需单独筛选出来，作为后续计划编制的依据。例如将订单按优先级或按订货量、交货期、产品品种进行分类排列，然后把筛选分类完成的订单存储到后台数据库中。其界面如图8-5所示。

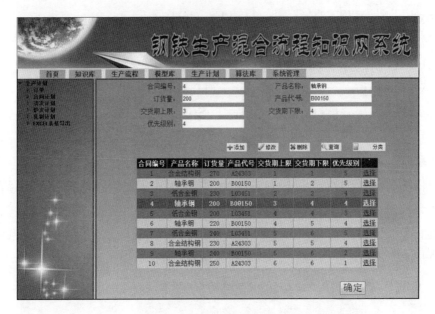

图 8-5　订单管理界面

8.3　模型匹配模式及实现

8.3.1　模型匹配模式

　　模型库中的数学模型是以框架网络形式存在的，如何使得系统在运行过程中匹配出所需模型，必须按照一定的规则重新生成完整的数学模型。模型知识化的过程是将原本具有一定物理意义（目标函数明确）的数学模型，变换成为计算机系统可辨识的符号。如何使得这些特定的符号重新组合成为新的所需模型，是模型匹配要解决的关键问题。但钢铁生产计划与调度模型是一类极其复杂、参数多样化、约束条件数量大的数学模型，导致大量的参数符号不被系统所识别，影响系统运行。因此，系统设计过程中，考虑到系统的 B/S 模式特征，对于页面读取困难的数学模型，可引入 AsciiMath 编辑原理，将数学模型存储在数据库中，如表 8-1 所示。式（8-1）为合同计划模型目标函数；式（8-2）为浇次计划模型目标函数；式（8-3）为轧制计划模型目标函数。

$$\min f(x) = \sum_{i=1}^{N} \left[Q_i \alpha \max\left(\sum_{t=1}^{T} (a_i - t) X_{ijt}, 0 \right) + Q_i \beta \max\left(\sum_{t=1}^{T} (t - b_i) X_{ijt}, 0 \right) \right]$$

$$(8\text{-}1)$$

$$\min Z = \sum_{j=1}^{J} \sum_{k=1}^{K} P_{jk} a_{jk} + \sum_{j=1}^{J} \sum_{k=1}^{K} PN_j Ta_{jk} \qquad (8\text{-}2)$$

$$\min Z = \sum_{i,j=1}^{N+1} \sum_{k=1}^{K} (P_{ij}^w + P_{ij}^g + P_{ij}^h + P_{ij}^d) X_{ijk} \tag{8-3}$$

表 8-1　模型知识化表示存储数据表

	model
式(8-1)	<div>\(\minf(x)=\sum_{i=1}^{N}{[(Q_i\alpha\max(\sum_{t=1}^{T}{(a_i-t))X_{ijt},0)+Q_i\beta\max(\sum_{(t=1)}^{T}(t-b_i)X_{ijt},0)]}\)<div>
式(8-2)	<div>\(\minZ=\sum_{j=1}^{J}{\sum_{k=1}^{K}{(P_{jk}\a_{jk}}}+\sum_{j=1}^{J}{\sum_{k=1}^{K}{(P\N_j\T_k\a_{jk})}}\)<div>
式(8-3)	<div>\(\min\sum—{i,j=1}^{N+1}{(\sum_{k=1}^{K}{(w_P_{ij}+g_P_{ij}+h_P_{ij}+d_P_{ij})})X_{ijk}}\)<div>

　　相关参数符号在数据表中是以文本符号的形式存在,在系统运行过程中根据一定的规则、程序来读取运用,从而生成有一定的物理意义的数学模型。其基本原理简图如图 8-6 所示。

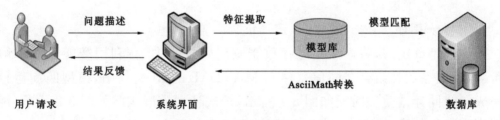

图 8-6　知识网系统模型匹配原理

　　依据生产事实选择合适的模型,编制合理的合同计划、炉次计划、浇次计划、轧制计划。根据筛选分类后的订单、设备产能、生产环境等各种约束条件综合考虑,并输入相应的参数,将其反映到系统模型库中,模型库依据相关参数与问题描述选择最优模型并返回结果,根据以上的订单及实际情况描述确定模型[3]。

8.3.2　模型匹配实现

　　根据合同信息、企业设备工序时段产能信息、产品工艺信息等,模型的优化目标是合同总惩罚值最小,即使得合同提前、拖期的惩罚值最小[4]。约束条件是不大于设备的额定产能以及满足产品生产的工艺时间要求。依据目标函数及相关约束的描述,选择的模型为式(8-4),即:

$$\min f(x) = \sum_{i=1}^{N} \left[Q_i\alpha\max\left(\sum_{t=1}^{T}(a_i-t)X_{ijt},0 \right) + Q_i\beta\max\left(\sum_{t=1}^{T}(t-b_i)X_{ijt},0 \right) \right]$$

$$\tag{8-4}$$

变量说明：

N——合同数量；

T——计划期；

Q_i——合同 i 的订货量；

$[a_i, b_i]$——合同 i 的交货期窗口；

α——合同单位重量提前惩罚系数；

β——合同单位重量拖期惩罚系数。

决策变量定义为：

$$X_{ijt} = \begin{cases} 1 & \text{合同 } i \text{ 在工序 } j \text{ 的 } t \text{ 时段生产} \\ 0 & \text{否则} \end{cases}$$

其中，i 表示合同号，j 表示工序段，t 表示时间段。

$$\sum_{i=1}^{N} X_{ijt} Q_i \leqslant C_{jt} \quad j=1,2,\cdots,J; t=1,2,\cdots,T \tag{8-5}$$

$$t_{i,j-1} \leqslant t_{i,j} \quad i=1,2,\cdots,N; j=1,2,\cdots,J \tag{8-6}$$

式中　J——工序数；

C_{jt}——工序 j 在时段 t 的额定产能。

数学模型确定后，将模型信息存放于临时数据表中，在利用智能算法求解模型阶段，模型参数将结合合同信息导入 MATLAB 的 M 文件中，模型匹配运行阶段完成。合同计划模型匹配如图 8-7 所示，炉次计划模型匹配如图 8-8 所示，浇次计划模型匹配如图 8-9 所示，轧制计划模型匹配如图 8-10 所示。

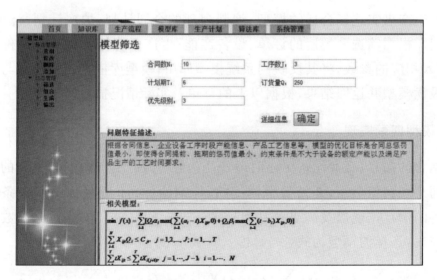

图 8-7　合同计划模型匹配

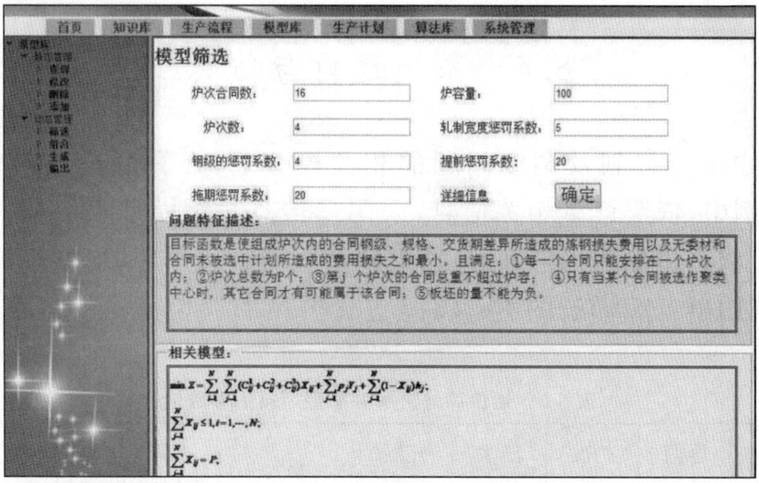

图 8-8 炉次计划模型匹配

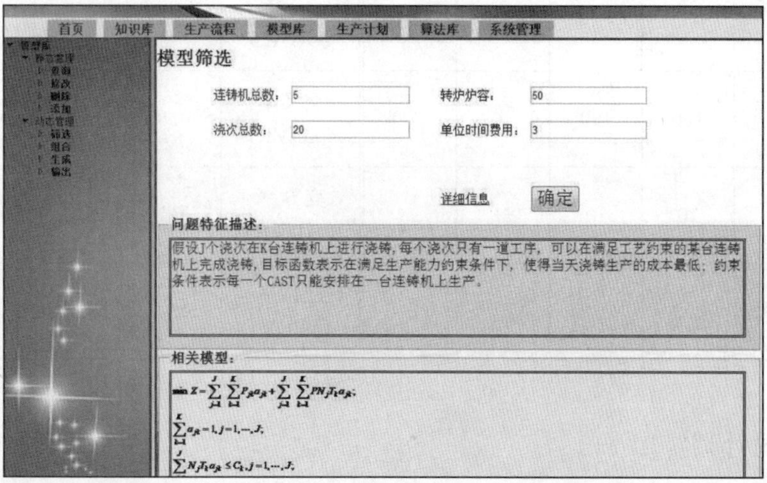

图 8-9 浇次计划模型匹配

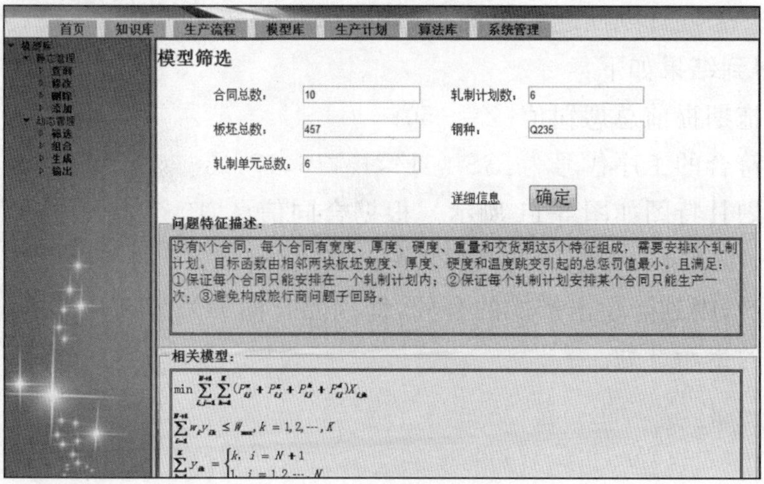

图 8-10 轧制计划模型匹配

8.4 系统运行与仿真

确定钢铁生产计划及调度问题的相关模型后,在算法模块对模型进行求解[5]。本实例中,依照订单相关信息,采用遗传算法对模型求解,其参数设置如表 8-2 所示。将表中参数设定好后,导入到系统后台程序中,MATLAB 组件通过读取参数,调用事先编译过的 M 文件(包含调用的遗传算法工具箱),得到求解结果。

表 8-2 遗传算法求解各模型所需的参数值

参数	合同计划	炉次计划	浇次计划	轧制计划	参数	合同计划	炉次计划	浇次计划	轧制计划
最大迭代次数 (MAXGEN)	500	2500	2000	5000	代沟 (GGAP)	0.9	0.9	0.9	0.9
种群个数 (NIND)	100	100	40	100	交叉率 (XOVR)	0.8	0.9	0.75	0.8
子种群个数 (SUBPOP)	10	10	—	—	变异率 (MUTR)	0.1	0.1	0.05	0.7
插入率 (INSR)	0.9	0.9	—	—	迁移率 (MIGR)	0.2	0.2	—	—

8.4.1 合同计划

以半旬为单位时间段,编制合同计划,考虑钢铁企业在 $[1, T]$($T=6$)计划期内的钢铁生产合同计划问题。合同数 $N=10$,工序数 $J=3$,导入遗传算法求解所需参数值,得到结果如下:

合同的拖期提前总惩罚值: $Z=150$;

产能不符合的工序代号为: $SS= 14, 15, 16, 17, 18$。

合同计划甘特图如图 8-11 所示。根据合同信息,10 个合同中共有 21 个编号工序时间段,在额定产能范围内,编号为 14、15、16、17、18 的工序无法在生产时间段内完成生产,则剔除超出产能的合同,即剔除合同编号为 8 和 9 的合同,得到最终 8 个合同的生产计划。

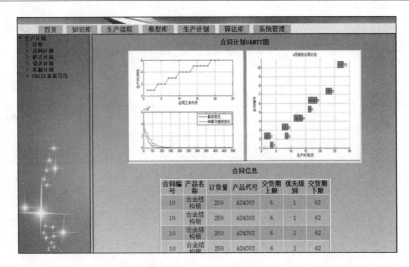

图 8-11　合同计划甘特图

8.4.2　炉次计划

钢厂炉容量为 100 t，炉次数为 4 次。钢级的惩罚系数 $F_1=4$，轧制宽度惩罚系数 $F_2=5$，拖期惩罚系数 $F_3=20$，提前惩罚系数 $F_4=20$。根据需求使冶炼过程损失费用最少、成本最低，在最大炉容量为 100 t 的情况下，剔除超过设备产能的合同，即合同号为 3、6、10、15 的四个合同，剩余合同按计划完成冶炼。炉次计划甘特图如图 8-12 所示。

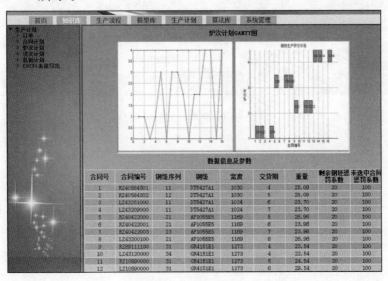

图 8-12　炉次计划甘特图

8.4.3　浇次计划

钢厂转炉的炉容量最大为 50 t，有编号 C01 到 C20 的浇铸任务，共有 5 台连铸机且每台连铸机的准备时间为 5 min,浇铸费用为 3 元/min。要求使得日浇铸任务完成成本最低,根据日浇铸任务信息及浇铸生产参数,求解结果如表 8-3 所示。

表 8-3　日浇铸计划表

浇铸号	C01	C02	C03	C04	C05	C06	C07	C08	C09	C10
时间(min)	5	5	5	43	43	81	81	119	43	81
浇铸号	C11	C12	C13	C14	C15	C16	C17	C18	C19	C20
时间(min)	5	5	40	75	110	40	75	145	180	110

确定每个浇次的起始浇铸时间,根据每个炉次浇铸时间,将浇铸任务分派在 5 台连铸机上完成。浇次计划甘特图如图 8-13 所示。

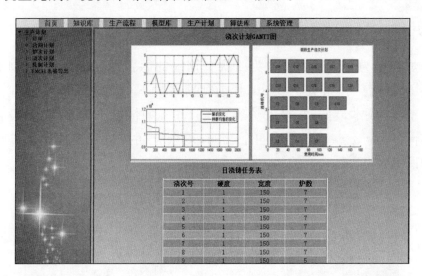

图 8-13　浇次计划甘特图

8.4.4　轧制计划

有编号为 1-288 号的板坯,其厚度在 0.276～0.45 cm 之间,宽度在 90～110 cm 之间,钢种为 Q235A、Q235B、DX51D＋Z、St12、St13。将这些板坯安排在 6 个轧制单元内完成,要确保相邻两块板坯宽度、厚度、硬度和温度跳变引起的总惩罚值最小,则不同厚度和宽度的板坯分配到 6 个轧制单元中,具体如表 8-4 所示。轧制计划图如图 8-14 所示。

表 8-4　6 个轧制单元板坯分配

轧制单元号	1	2	3	4	5	6
板坯数	75	77	77	76	75	77

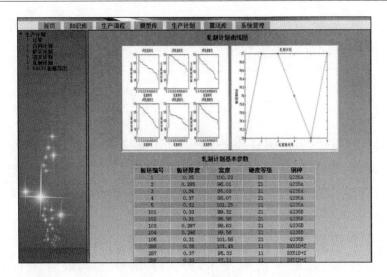

图 8-14　轧制计划图

8.4.5　仿真分析

　　相对于传统的钢铁生产计划编制过程而言,钢铁生产混合流程知识网系统以钢铁生产全流程为对象,囊括了合同计划、炉次计划、浇次计划和轧制计划[6]。以往在编制生产计划时,需要经验丰富的专家耗费大量的时间分析,最后得出计划结果,且在这一过程中包含了许多主观因素或特殊习惯,可能影响操作者的思维。而对于知识网系统而言,其包含了大量的钢铁生产知识点,所选模型与算法也是极其可靠的,一般技术人员在掌握操作规则后,便可利用该系统完成生产计划的编制任务,同时,系统可根据扰动情况对原有计划作出调整,继而提高资源利用率与生产效率[7-8]。

　　仿真过程中,选用遗传算法编制生产计划,第一,可以合理分配资源,避免由于分配不合理而造成的资源浪费;第二,可以按照客户优先级剔除不满足要求的合同,拒绝接收这些合同,避免因公司的生产力约束而造成的交货期延迟等情况;第三,整个程序运行速度快,得到合同计划结果只用了 32 s,得到浇次计划结果只用了 16 s,而且正确率也保持在 93% 以上。在轧制计划编制过程中,人工编制所得惩罚总数要远远高于运用遗传算法所求结果。另外,在传统人机交互式热轧计划编制系统中需要 4 h 完成的任务,在知识网系统中只需要 20 min 完成,加上整个过程的调整与优化,后者总耗时不超过 1 h,效率明显提高。

　　钢铁生产混合流程知识网系统在生产计划与调度过程中,也凸显了一些缺陷。因为钢铁生产过程复杂、多变,且很多属于 NP 难题,即便运用最为合理的算法求解,也不可能完全符合实际生产情况。另外,在求解过程中,所选数学模型往往是对实际问题进行了简化,尽管有大量的约束条件,依然不可能完全和实际情况相同。尽管有这些缺陷存在,但应用知识网系统所求结果误差仍在允许范围之内,且在实际应用中能提高决策效率。

8.5 本章小结

本章主要阐述了数字化钢铁生产流程的开发模式:在 ASP. NET 平台下,运用C♯编程语言,结合 MATLAB 的 COM 组件技术、网络技术及数据库技术,开发了钢铁生产混合流程知识网系统原型,并通过实例应用仿真,验证了系统的有效性。本章主要内容如下:

(1) 建立了基于 B/S 模式的三层架构模式,并采用C♯与 MATLAB 的混合编程技术、网络技术、数据库访问技术,开发了钢铁生产混合流程知识网系统原型。

(2) 通过仿真得到的合同计划、炉次计划、浇次计划和轧制计划结果,与钢铁企业的实际吻合,能够有效辅助钢铁企业的生产计划与调度。

参 考 文 献

[1] 刘清雄,蒋国璋,周梦杰. 基于钢铁生产知识网系统模型库及知识表达研究[J]. 机械设计与制造,2016(10):121-124.

[2] JIANG G Z, KONG J Y, LI G F, et al. Multi-Stage production planning modeling of iron and steel enterprise based on genetic algorithm[J]. Key Engineering Materials, 2011, 460-461: 540-545.

[3] 邵荃,翁文国,袁宏永. 突发事件模型库中模型的动态网络组合方法[J]. 清华大学学报:自然科学版,2010, 50(2): 170-173.

[4] 蒋国璋,孔建益,李公法,等. 钢铁企业生产计划模型及应用研究[J]. 长江大学学报:自然科学版,2006(4): 245-247.

[5] 郑忠,高小强,龙建宇,等. 钢铁企业计划调度为核心的生产运行控制技术现状与展望[J]. 计算机集成制造系统,2014, 20(11): 2660-2674.

[6] 徐露露. 面向钢铁生产流程的调度模型库系统研究[D]. 武汉:武汉科技大学,2016.

[7] JIANG G Z, KONG J Y, LI G F. Production scheduling model and its simulation of iron and steel production process[C]. Proceedings of the 29th Chinese Control Conference, 2010: 5319-5323.

[8] 杨炳儒,唐志刚,杨珺. 专家系统中基于认知的知识自动获取机制[J]. 高技术通讯,2010, 20(5): 493-498.

9 钢铁生产可重构和重调度子系统的设计

数字化钢铁生产混合流程知识网系统实现了对钢铁生产调度知识库子系统的设计、基于智能调度算法的生产计划制订、知识网系统设计开发及仿真,足以解决绝大多数调度问题,随着研究的深入,在动态调度问题处理方面取得了新的进展[1]。

本章为了实现钢铁生产的动态调度和实时调度的功能,进行可重构和重调度子系统的设计。该系统具体设计了模型重构、CBR-RBR 推理和重调度等三个核心模块。模型重构模块是针对调度模型种类单一、结构复杂、通用性弱的缺点,自动构建满足用户需求的调度模型。CBR-RBR 推理模块,运用 CBR-RBR 融合推理技术解决了钢铁生产调度中的微型扰动问题,实现初步动态调度,达到恢复生产平衡的效果。重调度模块,通过增加最小调整的目标函数,应用混合算法调整模型冲突并求解,解决强扰动问题。

9.1 可重构和重调度子系统

可重构和重调度子系统旨在解决钢铁生产中的动态调度问题,在系统中分为可重构和重调度两个主要部分。钢铁生产智能调度知识网系统中可重构是指在动态调度中,满足系统智能建模的模型重构及解决钢铁生产调度组合优化问题算法模块的重构,其本质上是对模型知识及算法知识的知识化封装,并给定重构算法,以实现模型模块及算法模块的重新组合优化。重调度是当扰动致使预定生产计划执行困难,同时调度系统无法做出相应调整的情况下,依据实时调度信息,在原计划的基础上重新编制生产作业计划[2],实质上是将当前的调度采用的模型中增加最小化调度结果的差异度目标函数,通过算法求解出最优的调度调整方案,以达到总体成本最少或者惩罚最小的调度目标。本节从可重构和重调度子系统与知识网系统的关系、调度系统运行机制和系统的功能模块结构几方面对其进行了阐述。

（1）可重构和重调度子系统与知识网系统的关系

可重构和重调度子系统是在原系统的基础上嵌入动态调度问题多维度解决方案的动态调度子系统。以完整的知识网构架的方式开发并嵌入系统中，同时要考虑到外界其他因素对系统的影响，系统各模块间必须紧密联系、高度集成，才能实现对整个调度过程智能控制，故将可重构和重调度子系统设计为知识网系统的模块。可重构和重调度子系统与知识网系统的关系如图 9-1 所示。

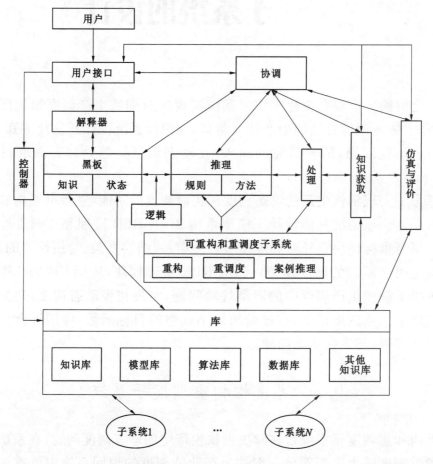

图 9-1　可重构和重调度子系统与知识网系统的关系

（2）调度系统运行机制

调度系统从案例、算法、模型三个维度出发解决智能调度中的动态调度问题。在系统中不同解决方案的功能等级是相同的，但是所执行的优先级不同，调度系统运行机制如图 9-2 所示。

首先正常执行调度流程，当调度员遇到调度问题时，采用 CBR-RBR 推理模块进行案例匹配，在匹配不能满足条件的情况下应用案例调整。如果调整后的案例仍不能满足条件，则将调度问题转交重调度模块，在重调度模块中系统会采用

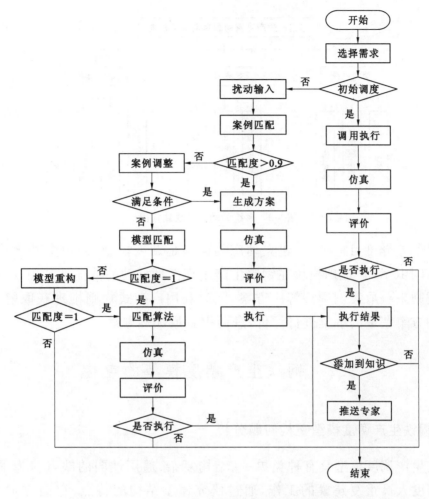

图 9-2 调度系统运行机制

替代模型和替代算法执行仿真。当结果依旧无法满足条件时启用重构模块,采用重构的方法建立一个系统模型库中没有的新模型,利用新模型调用算法求解。倘若问题最终仍然无法解决,则结束执行。系统会建议推送问题给专家,增加知识储备。

(3) 系统的功能模块结构

系统分为三个部分,分别是功能系统、支持系统和系统维护。系统的功能模块结构如图 9-3 所示。

支持系统和系统维护与已有功能相似,不做赘述,重点介绍可重构和重调度子系统中嵌入的重构模块、重调度模块、CBR-RBR 推理模块。

重构模块能够在现有模型都不满足调度要求的情况下利用系统现有的模型和重构规则实现对模型的修改,得到适应当前扰动情况的新模型,利用算法求解,并对结果进行评价。重调度模块旨在解决调度中的强扰动问题,通过增加最小化

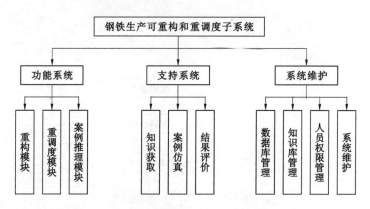

图 9-3　系统的功能模块结构图

调度结果的差异度目标函数,建立动态约束满足调度模型,采用多种优化算法求解问题。CBR-RBR 推理模块在钢铁生产出现微型扰动的情况下利用现有的案例和调整规则来获取案例调整解决方案,同时利用产生式规则推理获取解决方案,并对两种方案获取的解集进行评价,进而得到最优解方案。

9.2　钢铁生产调度模型的重构

9.2.1　钢铁生产调度模型重构问题分析

钢铁生产调度模型具有种类单一、结构复杂、通用性弱的缺点。为了减少钢铁生产调度人员重复建模的工作,通过研究模型结构的特点、存储方式、表示方式、知识化表达方式、模型模块化划分、模型知识化封装、模型评价、模型重构算法等,建立钢铁生产调度模型重构系统。模型重构系统不再是单一的存储和管理模型,除了一般的模型管理模块,如模型查询、模型删除、模型修改、模型添加等,还有动态的模型管理模块,如模型的选择组合、模型重构、模型评价等。模型重构系统是在模型库系统的基础上建立的高级模型管理系统。

钢铁生产调度模型具有多目标和多约束性[3],且以数学公式的形式描述钢铁生产调度多目标的优化问题。在钢铁调度模型的知识化表达上多采用面向对象的知识表示方式,面向对象的知识表示方式具有良好的继承性、封装性,为模型重构系统的模型模块化表示提供依据。在模型的表示方式上,由于钢铁生产调度模型是用数学公式来表示的,因此采用程序的表示方式。在模型的知识化封装上,首先对模型知识进行模块化划分,模型知识划分得越细,系统的知识化程度越高,自动化建模程度也越高。在模型重构算法上,主要引用改进的集合交、并、差运算来实现不同模型之间的组合运算,通过模型模块的评价值及用户模型满意度来对模型进行评价以筛选或重构出用户满意的模型。

9.2.2 钢铁生产调度模型重构模型及流程

对用户需求进行语义分析,通过系统模型字典搜索匹配系统数据库存储的模型,筛选出满意度最高的两个待重构模型。同时匹配出对应的模型模块,并对模型模块以参数的形式集合化表示,通过用户需求调用系统智能重构算法(交集运算、并集运算、差集运算)进行钢铁生产计划模型之间的重构、钢铁调度模型之间的重构以及钢铁生产计划模型与调度模型之间的重构[4]。钢铁生产调度模型的重构模型图如图 9-4 所示。在图 9-4 中,从用户需求分析开始,搜索到 a 轧制计划模型与 b 轧制计划模型,匹配到系统数据库存储的 a 轧制计划模型模块与 b 轧制计划模型模块,并通过模型模块集合化得到 a 轧制计划模型模块集合与 b 轧制计划模型模块集合。通过钢铁调度模型集合的交集、并集或差集运算,得到模型重构结果集合,即 c 模型模块集合,最后通过模型集合的映射机制将重构模型模块的结果集合转换为新模型 c。

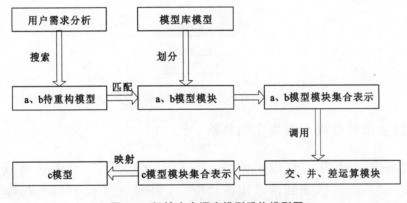

图 9-4 钢铁生产调度模型重构模型图

根据以上对钢铁生产调度模型的重构模型图研究得到钢铁生产调度模型的重构流程图,如图 9-5 所示。钢铁调度模型重构以用户需求满意度为目标,构建满足用户需求的调度目标为目的[5]。通过用户需求分析、调度模型的任务分解、模型模块化划分,匹配系统模型模块,调用系统智能重构运算模块进行模型重构运算,通过系统结果评价机制判断模型重构结果,若重构结果满足用户需求则保存重构结果,调用知识库知识及集合映射推理机制对重构结果表达式进行还原,否则重新进行用户需求分析,调用智能重构算法运算,直至得到满足用户需求的重构模型。

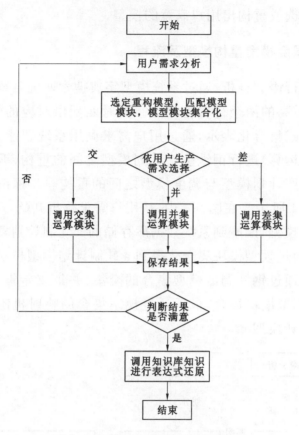

图 9-5 钢铁生产调度模型重构流程图

9.2.3 钢铁生产调度模型重构实例分析

用户搜索模型,如果没有搜索到满足用户需求的模型,点击模型重构按钮进入重构模型匹配页面,匹配到待重构模型模块,如模型 A 模型模块与模型 B 模型模块,每个模型模块包括三个部分信息,即模型目标集、模型约束集和模型匹配度,如图 9-6 所示。点击模型重构功能按钮,系统调用模型集合重构运算模块得到模型重构结果,如图 9-7 所示。模型重构结果包括三大模块,即重构模型模块、用户添加信息模块及用户删除信息模块。重构模型模块主要记录重构结果的模型目标集与模型约束集。用户添加信息模块与用户删除信息模块主要对重构模型模块的结果集合进行修改。

在模型重构结果页面,用户可添加或删除模型模块,并点击"结果保存"。用户点击重构模型查询按钮,可以查询目标模型模块与约束模型模块的程序表达形式和数学公式表达形式。模型 A 与模型 B 重构的模型如图 9-8 所示。

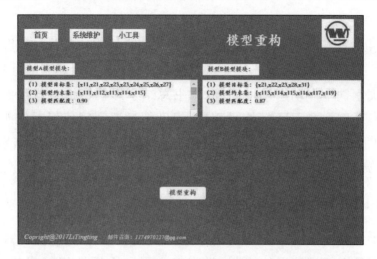

图 9-6　模型重构

图 9-7　模型重构结果

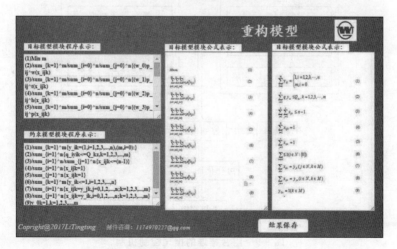

图 9-8　模型 A 与模型 B 重构的模型

9.3 基于 CBR-RBR 组合推理的钢铁生产调度

为了解决钢铁生产动态调度问题,本书总结了影响钢铁生产组织平衡的微型生产扰动因素。例如在 RH 精炼过程中,温度超过温度阈值但对钢水成分及生产过程没有实质性的影响,此时只需要进行微调。运用基于 CBR-RBR(案例推理与规则推理)组合推理的钢铁生产调度系统来消除生产扰动,重新获取钢铁生产平衡。

9.3.1 CBR-RBR 组合推理及控制机制

在钢铁生产调度系统中运用到的推理方式主要有案例推理和规则推理这两类。案例推理具有知识获取能力强、学习能力强和重用性好等优势,而且对于信息不完备、专家经验知识多、形式化不强的领域具有强的解决能力。但不足之处是过于依赖历史数据,使得其处理动态问题较困难。基于产生式 IF-THEN 的规则推理,具有规则库易于建立、设计、更新、扩充,知识模块强,易封装,推理效率高等优点,但难以获取规则逻辑关系,规则库维护困难[5]。因此,运用 CBR-RBR 组合推理机制,弥补 CBR 系统自身没有严格逻辑的弊端及 RBR 系统的局限性,大大提高推理效率。

将 CBR 和 RBR 两种推理机制组合,需要解决两种推理机制的协调和控制问题。本节引入黑板模型控制机制,能够有效、有序地调用 CBR 和 RBR 推理机制,实现组合推理的推理控制,最终实现问题的求解,如图 9-9 所示。

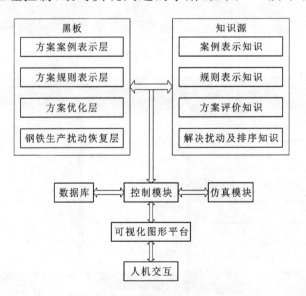

图 9-9 组合推理的推理控制机制

黑板模型中规定了知识和数据的组织形式及其问题求解行为,主要包括知识源、黑板和控制器三部分。黑板模型控制的原理就是将黑板模型模拟成一群专家讨论或解释一个问题,每位专家针对问题提出自己的看法。各位专家将其看法写在黑板上,将黑板上的信息进行相互运用和扩展,最终获取更多的解决方案,直到问题被共同解决。

9.3.2　CBR-RBR 组合推理在钢铁生产混合调度中的运用

本节提出的 CBR-RBR 组合集成推理模型的总体构架如图 9-10 所示。

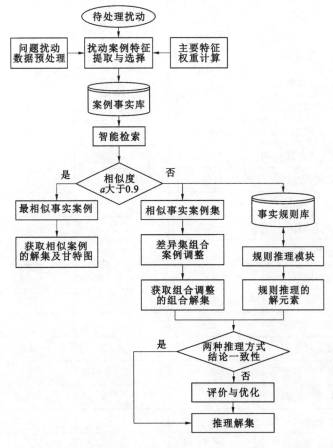

图 9-10　CBR-RBR 组合集成推理模型

为了检验组合集成推理模型的有效性,对钢铁生产混合调度中几个典型案例进行分析,其案例的属性与解如表 9-1 所示。部分调整方案解元素集对照表如表 9-2所示。

表 9-1　部分目标案例与其相似案例的属性与解

属性	注释	问题 1	案例 1	案例 2	案例 3
LCS	本炉次次数	6	8	7	8

续表 9-1

属性	注释	问题 1	案例 1	案例 2	案例 3
JGZQ	加工周期	135	145	120	125
GGZ	改动的钢类	Ap1	Ck1	Ck1	Ju5
SWF	是否升高温度	1	2	2	1
XJSB	选取精炼设备	Rh2	0	0	Rh2
JSB1	精炼设备 1	Rh1	Cas2	Cas1	Rh1
J1ZT	精炼 1 状态	on	on	on	on
J1ZTZ	精炼 1 状态值	16	16	16	11
JSB2	精炼设备 2	Rh2	Cas1	Cas2	Rh2
J2ZT	精炼 2 状态	on	on	on	off
J2ZTZ	精炼 2 状态值	8	8	8	20
DCCSB	当前连铸设备号	1	1	1	2
XLCZT	下炉次状态	on	on	on	on
XLCZTZ	下炉次状态值	15	10	10	46
TZJZ	调整后是否连浇	1	1	1	2
YICF	是否模铸	2	2	2	1
ICSJ	模铸到达时间	100	100	100	98
ICCFM	模铸成分是否满足	2	2	2	1
GXCC	改向连铸号	1	3	2	1
CC1N	连铸机 1 设备号	1	2	2	1
CC1ZT	连铸机 1 状态	on	on	on	on
CC1ZTZ	连铸机 1 状态值	19	18	18	19
CC1GZ	连铸机 1 的钢类	Ju5	Ck1	Ck1	Ju5
CC1TZ	连铸机 1 是否需调整	2	2	2	2
CC1LC	连铸机 1 是否末炉次	1	1	1	1
CC2N	连铸机 2 设备号	3	3	3	3
CC2ZT	连铸机 2 状态	on	on	on	on
CC2ZTZ	连铸机 2 状态值	26	9	34	26
CC2GZ	连铸机 2 的钢类	Ap1	Ck1	Ck1	Ap1
CC2TZ	连铸机 2 是否需调整	2	2	2	2
CC2LC	连铸机 2 是否末炉次	2	1	2	2
JYSJ	方案解集		2	1	3

注:对于 SWF、TZJZ、YICF、ICCFM、CC1TZ、CC1LC、CC2TZ、CC2LC 属性,"1"代表"T(是)","2"代表"F(否)"。

表 9-2 部分调整方案解元素集对照表

方案解元素集	含 义
1	加速原浇铸后续炉次并改向到另外的连铸机 1 上进行浇铸
2	加速原浇铸后续炉次并改向到另外的连铸机 2 上进行浇铸
3	加速原浇铸后续炉次,升温到精炼设备 2,进行精炼,最后改向到连铸机 2 上进行浇铸
4	中止原浇铸,改向到连铸机 2 上进行浇铸
5	直接改向到连铸机 2 上进行连浇
6	用模铸上的钢水去补充原浇铸进而对精炼设备 2 进行升温,改向到连铸机 1 上进行连浇

当匹配问题 1 的相似案例时,若在预设阈值范围内,匹配不到相似案例,则采用相似度 $a(0.3 \leqslant a < 0.9)$ 匹配得到相似案例 C1、C2、C3。划分此相似案例属性:$g0 = \{LCS, JGZQ, DCCSB, GXCC, CC1N, CC2N\}$,$g1 = \{SWF, XJSB, JSB1, JIZT, J1ZTZ, JSB2, J2ZT, J2ZTZ\}$,$g2 = \{ICSJ, ICCFM, DCCSB, XLCZT, XLCZTZ, TZJZ, YICF\}$,$g3 = \{GGZ, CC1ZT, CC1ZTZ, CC1GZ, CC1TZ, CC1LC, CC2ZT, CC2ZTZ, CC2GZ, CC2TZ, CC2LC\}$。其中 g1、g2、g3 任两个集合的交集为空,再通过 Policastro 方法对实际问题 C4 与相似案例 C1、C2、C3 进行输入输出形式的重构。再分别根据目标问题与相似案例集的属性子集 gn0、gn1、gn2、gn3 计算相似度,选取相似度 a 最高的进行组合。得到 g11、g22、g33,其中 g11、g22、g33 中任意两个集合的交集为空。根据判断得到属性子集 g11 对解元素"升温到精炼设备 2"无效,g22 可得到解元素"加速原浇铸后续炉次",g33 对解元素"改向到连铸机 1 上进行连浇"全部有效。最后对多个解元素进行全面组合得到目标问题的解为"加速原浇铸后续炉次并改向到另外的连铸机 1 上进行浇铸",即是解元素集对照表(表 9-2)中的解元素集 1。

针对问题 1 调用规则库中的相对应的规则知识,如表 9-3 所示。

表 9-3 连铸机规则知识

Rule1:连铸机规则知识
IF XLCZT='on' AND XLCZTZ<=10 THEN TZJZ='T'
IF XLCZT='on' AND XLCZTZ>10 THEN TZJZ='F'
IF XLCZT='off' THEN TZJZ='F'

通过问题 1 中的连铸机状态值(XLCZT=15)和连铸机规则知识得到当前连铸机不能进行连续浇铸(TZJZ='F')的结论,则获取目标问题的解为"改变当前连浇的连铸机设备"。

一方面通过案例库中相似案例属性进行输入输出重组,进而得到钢铁生产混合调度非冗余的调整知识,然后通过改进的组合调整获取扰动事件的解方案;另一方面,针对问题调用规则库中的规则知识获取解方案,最后通过调整知识评价和优化获取最终的解方案。即得到扰动事件的解方案为"加速原浇铸后续炉次,更换当前连浇的连铸机并改向到另外的连铸机1上进行浇铸"。将调整后的解决方案绘制成甘特图,如图 9-11 所示。与初始甘特图(图 9-12)对比得知精炼工序(设备 LF)缩短了精炼时间,连铸阶段由连铸机 CC 转向 CC1 进行加工。

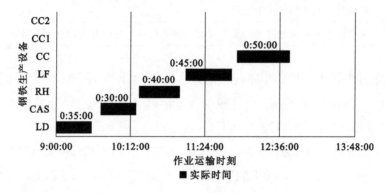

图 9-11　CBR-RBR 调整后的甘特图

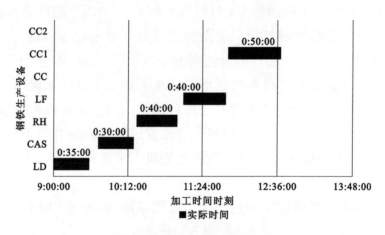

图 9-12　钢铁生产初始甘特图

9.4　基于强扰动的钢铁生产重调度

重调度是在当出现强扰动致使预定生产计划执行困难并在钢铁一体化生产智能调度系统无法做出相应调整的情况下,依据实时调度信息,在原计划的基础上重新编制生产作业计划[6-7]。重调度实质上是考虑实际生产中的工艺约束,以最小化调度结果的差异度为目标函数,建立动态约束满足调度模型,并用算法对模型进行求解和冲突调整,最终得到新的生产调度甘特图的过程。

（1）重调度问题描述

炼钢-连铸生产过程是钢铁生产流程中的核心环节,其生产过程是将液态的高温铁水经过转炉冶炼、精炼炉精炼和连铸机浇铸等三大工序处理形成最终的固态板坯。在此过程中,由于操作工人的熟练程度、环境参数、设备状况等因素的不同,初始生产调度计划时常受到扰动的影响[8]。扰动是对生产过程中所有与作业计划不一致的事件的统称。扰动分为一般扰动和强扰动。一般扰动可以通过在一定范围内调整天车速度或调整连铸机拉速而不影响相邻炉次或浇次,强扰动则会导致初始调度计划发生连铸断浇或者不同炉次作业时间相冲突。所以发生强扰动时,需要通过重调度来重新编制生产计划。

（2）重调度编制方法和原理

强扰动发生时,初始生产计划中的炉次计划有三种状态,分别是已完成、正在作业、未开始作业。已完成炉次不会再进入生产流程,不用考虑;正在作业炉次计划受到正在作业约束限制,要保证生产运行的连续性,必须优先考虑。未开始作业炉次计划与静态作业计划相似,所以未开始作业炉次计划的重新编排可借鉴静态作业计划编制方法。

正在作业计划的编排利用倒推选取加工工位,利用顺推消解时间冲突。在炼钢-连铸生产阶段,最终的目标工序是连铸,所以在设备利用率均衡、区域对应规则的约束下,利用倒推对上游工序所需工位进行选取。正在作业计划已经进入生产流程,在下游工序上加工的时间应该以实际数据为基础进行顺推,并利用时间冲突消解机制优化时间安排。加工工位选取受到区域对应规则、精炼路径及目标连铸机的约束,倒推比顺推容易实现。对于时间的选取利用顺推比倒推更好,因为在冲突不容易消解时,可把冲突时间顺推至连铸机,通过调整拉速、流数等对该连铸机上其他生产任务的浇铸周期微调来满足连浇要求。若使用倒推,首先要确定炉次在连铸机的开浇时间,在冲突消解失败后不得不再次调整开浇时间,需要往复操作才能找到合理的时间安排,比顺推复杂得多。

对未开始作业计划则采用遗传算法-模拟退火混合优化算法,首先,模拟退火算法指定各计划任务在各工序上的加工工位,利用 Metropolis 准则对工位选取解空间进行搜索,优化资源配置。当选取一种工位加工顺序后,利用遗传算法安排炉次在工位上的开始作业时刻和作业时间,优化时间安排。该混合优化算法充分利用了模拟退火算法的全局搜索能力和遗传算法适合在连续空间搜索的能力。炼钢-连铸重调度编制原理如图 9-13 所示。

（3）应用实例

在应用实例中采用 MATLAB7.8.0 编程,数据来源于某钢厂。该钢厂有转炉 2 台,RH(RH 指真空循环脱气精炼炉)2 台,连铸机 2 台,设备加工时间和工位

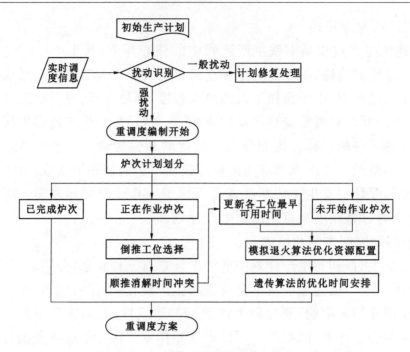

图 9-13　炼钢-连铸重调度编制原理

间运输时间分别如表 9-4 和表 9-5 所示。本仿真实验中存在三个加工阶段。$j \in J = \{1,2,3\}$，$i \in I = \{1,2,3,4,5,6,7,8,9,10\}$，即对 10 个炉次的钢水进行生产调度，生产设备为 $M = \sum M_j = 6$ 台。初始调度甘特图如图 9-14 所示，图中数字代表炉次序号。以初始甘特图为基础，通过设置生产扰动来进行仿真实验，设计了炉次延迟到达情况下的重调度来验证重调度的可行性和有效性。

表 9-4　设备加工时间

阶段	冶炼	精炼	连铸
加工时间（min）	[30,35,40]	[35,40,45]	[32,40,50]

注：[ ] 内第一个数为最小值，第二个数为标准值，第三个数为最大值。

表 9-5　工位间运输时间

	RH1	RH2	CC1	CC2
LD1	5_{18}^{3}	6_{16}^{3}		
LD2	7_{17}^{5}	5_{15}^{3}		
RH1			9_{11}^{6}	8_{13}^{5}
RH2			9_{12}^{8}	8_{11}^{7}

注：a_c^b 中 a 表示标准值，b 表示最小值，c 表示最大值。

　　初始计划中炉次 4 在转炉 1 上的开始时间为 120 min，当计划执行到该时刻时，炉次 8 未准时到达。计划中炉次 4 在转炉 1 上冶炼 35 min，从转炉 1 到 RH2

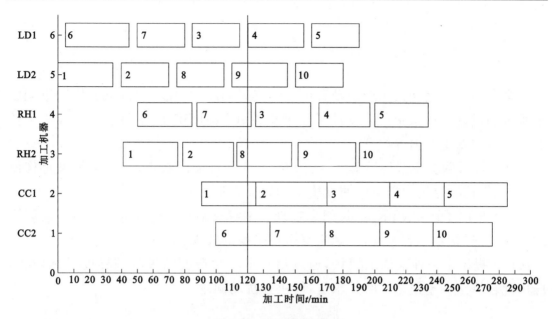

图 9-14 初始调度甘特图

的运输时间为 29 min。由表 9-4 可知转炉工位的加工时间区间为[30,40]，由表 9-5 可知转炉 1 到 RH1 的运输时间区间为[3,18]，因此当炉次 8 延长到达时间大于 5 min 时，将影响炉次在下游工位上的加工。重调度启动时刻为炉次到达时间，仿真实验中炉次 4 延迟 10 min 到达，重调度结果如图 9-15 所示。对比图 9-14 和图 9-15 可知，遗传算法-模拟退火混合优化算法主要是通过降低连铸机 1 的拉速，延长炉次 3 的浇铸时间来处理该生产扰动。

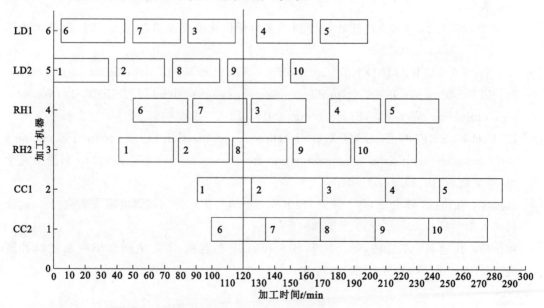

图 9-15 炉次延迟下的重调度甘特图

9.5 本章小结

本章为了实现钢铁生产的动态调度和实时调度的功能，进行可重构和重调度子系统的设计。该系统具体设计了模型重构、CBR-RBR 推理和重调度等三个核心模块。本章主要内容如下：

（1）针对调度模型种类单一、结构复杂、通用性弱的缺点，提出了模型重构模块，自动构建满足用户需求的调度模型的解决方案。

（2）提出了运用 CBR-RBR 组合推理技术解决钢铁生产调度中微型扰动问题的方法，实现初步动态调度，达到恢复生产平衡的效果。

（3）提出了一种重调度模块，通过增加最小化调度结果的差异度目标函数，应用混合算法调整模型冲突并求解，解决强扰动问题。

参 考 文 献

［1］蒋国璋，孔建益，李公法，等. 钢铁流程生产调度模型及其仿真研究［C］. 中国控制会议，2010.

［2］LIN J，LIU M，HAO J，et al. A multi-objective optimization approach for integrated production planning under interval uncertainties in the steel industry［J］. Computers & Operations Research，2016，72(C)：189-203.

［3］蒋国璋. 面向钢铁流程知识网系统的生产计划与调度模型及其优化研究［D］. 武汉：武汉科技大学，2006.

［4］贾树晋，李维刚，杜斌. 热轧轧制计划的多目标优化模型及算法［J］. 武汉科技大学学报，2015，38(1)：16-22.

［5］LI J Q，PAN Q K，MAO K. A hybrid fruit fly optimization algorithm for the realistic hybrid flowshop rescheduling problem in steelmaking systems［J］. IEEE Transactions on Automation Science & Engineering，2016，13(2)：932-949.

［6］ZHU D F，ZHENG Z，GAO X Q. Intelligent optimization-based production planning and simulation analysisfor steelmaking and continuous casting process［J］. 钢铁研究学报：英文版，2010，17(9)：19-24.

［7］蒋国璋，孔建益，李公法，等. 面向 ISPKN 钢铁流程生产计划与调度系统研究［J］. 武汉科技大学学报，2008，31(1)：59-63.

［8］蒋国璋，孔建益，李公法，等. 基于 B/S 和 ASP 的连铸-连轧生产知识网系统设计研究［J］. 机械设计与制造，2007(3)：59-61.